KB082665

아이는 질문으로 자란다

생각 두뇌를 키우는 한국형 하브루타,
밥상머리교육 실전편

아이는 질문으로 자란다

김정진 지음

프롤로그

아이는 질문의 크기만큼 자란다

아이가 당신에게 질문을 한다. 어떻게 할 것인가? 대부분의 부모들은 최대한 자세하게 답을 말해주고, 무언가를 알려줬다며 만족해한다. 그렇다면 아이는? 그 순간 생각과 호기심이 중단된다. 부모는 의도하지 않았지만 아이가 스스로 답을 찾는 기회를 빼앗아 버린 셈이다. 부모가 답을 알려주는 대신에 아이가 스스로 답을 찾도록 유도 질문을 했다면 어땠을까? 아이는 부모의 질문에 자신만의 답을 찾으려 생각하고 또 생각했을 것이다. 그러나 한국의 부모들은 아이에게 질문을 하지 않는다. 한국인에게 질문은 낯설다. 내가 어린 시절 집에서 배운 밥상머리교육은 밥상에서 침묵을 지키는 것이었다. 그것을 미덕으로 알고 자라왔다. 이 책을 읽는 당신도 크게 다르지는 않을 것이다. 그런 문화 속에서 자란 아이들이 커서 학교 선생님이 되었다.

초등학교에 입학한 아이들은 선생님이 질문을 별로 좋아하지 않는다는 것을 직감한다. 아이들에게 질문받는 대신 선생님은 진도를 나간다. 일방적인 주입식 강의에 아이들은 침묵을 지킨다. 궁금증은 마음속에 머무르다 사라져 버린다. 아이들의 기발한 생각과 호기심은 그렇게 학교에서 죽어 간다.

침묵의 밥상과 침묵의 교실! 어쩜 그리 닮았을까?

성인이 되어서도 마찬가지다. 2010년 선진국들의 모임인 G20 회의 폐막 연설 직후 오바마는 이렇게 말했다. "한국 기자들에게 질문권을 드리고 싶군요. 정말 훌륭한 개최국 역할을 해줬으니까요. 누구 없나요?" 오바마는 한국에 최상의 예우를 했다. 질문할 권리는 곧 권력이다. 오바마의 말에 한국 기자들은 어떻게 반응했을까?

기자회견장에는 정적만이 흘렀다. 오바마가 다시 말했다. "한국어로 질문하면 아마도 통역이 필요할 겁니다. 사실 통역이 꼭 필요할 겁니다." 그 순간 한 기자가 손을 들고 말했다. "실망시켜 드려서 죄송하지만 저는 중국 기자입니다. 제가 아시아를 대표해서 질문을 던져도 될까요?" 그러나 오바마는 단호하게 거부했다. "저는 한국 기자에게 질문을 요청했어요. 그래서 제 생각에는……." 그때 중국 기자가 오바마의 말을 자르면서 "한국 기자들에게 제가 대신 질문해도 되는지 물어보면 어떻겠냐"고 했다. 오바마는 "그건 한국 기자들이 질문하고 싶은지에 따라 결정된다"라고 말하면서 "아무도 없나요?"라고 두 차례 물었다. 다시 정적만 흘렀다. 오바마는 난감한 듯 웃었고, 결국 질문권은 중국 기자에게 돌아갔다.

그 날 폐막회견장에 영어를 못 하는 한국 기자는 한 명도 없었다. 도대체 한국인은 왜 이리도 질문을 두려워하는 걸까? 난 오랫동안 이 질문을 가슴에 담아두고 답을 찾아다녔다. 그리고 마침내 그 이유를 찾았다. 바로 일제의 식민지 정책 때문이었다.

조선총독부는 1920년 '서당규칙'이라는 법을 만들어 서당을 모조리 폐쇄해 버렸다. 일본은 왜 서당을 폐쇄시켰을까? 서당은 명심보감, 소학, 사서삼경 등 요즘 말하는 소위 인문학을 배우던 곳이다. 서당에서는 양반과 일반 백성이 함께 배우고, 어른과 아이 구분 없이 같이 공부를 했다. 서당에서는 인문고전을 읽으며 수많은 질문으로 서로 토론하며 진리를 파고들었다. 질문은 비판적 사고력과 창의력의 원천이자 씨앗이다. 일본은 그 씨를 말려버린 것이다.

대신 일본은 주입식 교육을 하는 학교를 만들었다. 그곳에서는 시키면 시키는 대로 해야 하고, 자신의 생각을 말하지 못하게 했다. 오로지 주입식 교육만 있고 질문이 없는 교실은 그렇게 뿌리를 내렸다. 급기야 일본은 1937년 '조선총독부 정무총감 학부 88호 명령'을 내린다. 주요 내용은 '일본어의 가정화를 위해 학부모에 대한 일본어 강습을 장려할 것, 조선인의 가정을 교화하는 것은 곧 전 사회를 교화하는 것이니 이렇게 해야 비로소 한국과의 감정적 융합이 영구히 될 수 있다'는 것이었다. 일본은 한국의 부모들에게 집에서 일본어로 말할 것과 자녀들에게 일본어를 가르칠 것을 명령했다. 서서히 가정에서는 적막이 흐르기 시작했다. 그 결과 지금까지도 우리의 밥상과 교실은 아이들의 질문이 증발된 채 침묵이 지배하는 공간이다. 내가 이런 말을 하면 조선 시대에 유교의 영향으로 인해 밥상에서 침묵을 지키는 것이라 반박하는 사람이 많다. 정말 그럴까? 유교 지침서 〈삼강행실도〉를 만들고 유교의 기틀을 다진 세종의 밥상을 추적하던 중 다음과 같은 기록을 찾았다.

> 나는 날마다 세자와 더불어 세 차례씩 같이 식사하는데,
> 세자가 동생들을 교육하게 하고, 나 또한 공부를 가르친다.
>
> — 세종실록, 1438년 11월 23일

그렇게 바빴던 세종도 하루 세 번 꼬박꼬박 자녀들과 밥상에서 대화하고 토론하면서 밥상머리교육을 했다. 그 시작은 항상 질문이었다. "그것에 대한 네 생각은 어떠냐?"

세종은 질문대왕이었다. 세종은 알았다. 질문으로 생각이 열리고, 질문을 거듭함으로써 마침내 최고의 답을 찾을 수 있음을.

모든 위대한 발명과 발견은 질문에서 시작되었다. 뉴턴은 사과가 땅으로 떨어지는 당연한 현상을 보고 '왜 모든 사물은 땅으로 떨어지는가?'라는 궁금증을 품었다. 그리고 만유인력의 법칙을 발견해냈다. 애초에 질문이 없었다면 인류는 진화하지 못했을 것이다. 오늘날 소크라테스의 질문법을 산파술이라고 말한다. 소크라테스의 질문이 진리를 탐구하고 과학을 하는 방법인 귀납법을 만들어 서양문명을 탄생시키는 산파 역할을 했기 때문이다. 현

재 지식을 끊임없이 확산시키고 있는 인터넷도 질문에서 시작되었다. 구글을 개발한 세르게이 브린과 래리 페이지는 인터뷰에서 '어린 시절 밥상에서 부모님과 함께한 질문식 대화를 웹으로 옮긴 것'이 구글이라고 밝혔다. 구글을 보라. 네모난 창에 당신이 궁금한 질문을 넣게 되어 있다. 질문을 넣는 순간 사람들이 답을 달아주고 그렇게 지식들이 모여 새로운 지식을 계속 만들어내고 있다.

질문을 하면 생각이 시작된다. 질문에 대한 답을 모아 새로운 지식을 만들어내는 방식은 소크라테스 이래 변함없이 작동하는 진리다. 이 방식을 가장 잘 활용하는 사람들이 유대인이다. 유대인의 밥상머리교육이라고 불리는 하브루타는 질문식 대화법으로, 끊임없이 질문하고 끊임없이 생각하며 답을 찾는 방식이다. 유대인들의 밥상머리교육과 학교교육의 핵심은 모두 질문이다. 유대인 부모들은 아이와 '왜?'를 지속적으로 탐구할 수 있는 질문게임을 자주 한다. 아이는 '행복이란 무엇인가요?', '학교는 왜 가야 하나요?' 등의 질문을 계속하고, 이에 대해 부모가 대답하는 게임이다. 이 같은 게임을 하는 이유는 아이에게 질문습관을 들이기 위해서다. 질문을 기반으로 하는 밥상머리교육의 결과, 유대인들은 현재 전 세계의 부와 권력은 말할 것도 없고 노벨상까지 독점하고 있다.

나 또한 몇 년 전까지 밥상에서, 그리고 집에서 침묵을 지켰다. 변화의 계기가 된 것은 아이들과 점차 멀어지고 있다는 위기감이었다. 주말부부로 지내는 시간이 길어지며 아이들과 점차 소원해졌던 것이다. 이를 해결하기 위해 시작한 밥상머리교육은 얼마 안 가 나와 아이들을 송두리째 바꿔 놓았다. 지금 아이들은 사교육을 전부 끊고 스스로 공부하며, 책 읽고, 토론을 즐기는 모습으로 변화했다. 사람들은 내게 묻는다.

"밥상머리교육의 핵심 비법이 무엇입니까?"

나는 '단언컨대 첫째도 질문이요, 둘째도 질문이요, 셋째도 질문'이라고 답한다. 그러면 사람들은 또 내게 묻는다.

"질문은 왜 하는 건가요?"

"질문은 어떻게 하는 건가요?"

이 책은 그 질문에 대답하기 위해 쓴 것이다. 3년 동안 우리 아이들과 질문 기반의 밥상머리교육을 한 경험과 노하우, 소크라테스의 질문법, 유대인의 질문법, 대학교수를 하면서 학생들에게 적용하고 연구한 질문법, 전국을 돌아다니며 학부모들에게 질문방법을 가르치며 터득한 질문교육법을 고스란히 담았다. 이 책을 읽은 부모와 선생님은 아이들에게 왜 질문을 해야 하고, 어떤 질문을 해야 하며, 무슨 방법으로 해야 하는지 통찰할 것이다. 이 책은 질문에 대한 실전과 실천을 담고 있다. 잊지 마시라. 아이는 질문의 크기만큼 자란다!

차례

제2부 혼자 공부하고 앞장서 토론하는 아이로 자란다

제3부 스스로 행복을 찾는 아이로 자란다

10 내 아이의 만 가지 가능성을 여는 신문 속 진로 인문학

11 마음 상태를 표현하기 좋은 이미지로 대화하기

12 공감력을 높이는 동화책 토론 질문법

제4부 인성과 창의력, 문제해결력을 키우는 질문법

제1부

자존감이 높고 생각이 깊은 아이로 자란다

일상 사고력을 확장시키는 키워드 질문법 • 긍정 사고력을 장착시키는 기분 좋은 질문 • 아이의 뇌를 춤추게 하는 질문꼬리물기 • 생각의 깊이가 달라지는 비결, 질문 주고받기 • 협동력과 소통력을 키우는 스무고개 놀이

1

작은 것에도 호기심을 놓지 않는
아이로 키워라

일상 사고력을 확장시키는 키워드 질문법

질문 없이는
호기심과 창의력이
자라날 수 없다

질문을 하면 생각이 시작된다. 작은 질문은 아이의 생각을 작게 만들고, 큰 질문은 아이의 생각을 크게 만든다. 그러나 한국인들은 질문이 익숙하지 않다. 학교 수업 시간을 보자. 종이 울리기 직전, 선생님들은 교실을 나갈 준비를 다 해놓고는 묻는다.

"질문 있는 사람?"

이 말의 숨은 의미는 '이제 수업 끝났다, 나 이제 나갈 거야!'다. 질문이 있느냐고 물었지만, 사실은 질문하지 말란 얘기나 마찬가지다. 이미 수업이 끝났는데 누가 질문을 하겠는가?

아이들이 자라서 대학에 가도 마찬가지다. 단지 교사가 교수로 바뀌었을 뿐. 여전히 질문은 수업의 맨 끝에 있고, 똑같이 교실에는 침묵이 흐른다. 가르치는 사람도 배우는 사람도 아주 오랫동안 그런 장면을 보아왔다. 우리에게는 아주 익숙한 장면이다. 간혹 눈치 없이 손을 들고 질문하면 주변의 날카로운 시선을 견뎌내야 한다. 한국의 아이들은 질문을 참다가 타고난 호기심과 질문하는 능력을 퇴화시켜 버린다. 질문이 없으니 스스로 생각하는 힘도 사라진다. 질문이 없는 교실은 아이들의 다채로운 생각을 죽이고, 천편일률적인 지식을 주입한다.

••• 답을 알려주는 부모 vs. 생각을 키우는 부모

끊임없이 묻고 또 묻기를 반복하던 어린 시절의 아이들은 다 어디로 갔을까?

질문은 호기심을 낳는다. 호기심은 상상력을 키운다. 상상력은 창의성의 원천이다. 즉, 창의성은 질문에서부터 시작된다.

아이들은 질문을 가볍게 여기지 않는다. 아이들에게는 질문이 곧 세상을 알아가는 방식이기 때문이다. 그래서 눈에 보이는 모든 것에 관하여 끊임없이 부모에게 질문한다. 이에 대한 부모들의 반응은 대개 어떠한가? 아이가 무언가에 대해 물으면 가능한 한 자세히 답을 알려준다. 그러나 그 순간 아이들의 호기심은 사라지고 만다.

유대인 부모들은 다르다. 유대인 부모들은 아이가 질문하면 아이에게 다시 질문한다. 아이가 자신만의 답을 찾도록 이끌어주는 것이다. 그 과정에서 아이의 생각은 계속 뻗어 나가고, 결국 자신만의 답을 찾는 창의적인 사람으로 성장한다. 그 결과는 이렇게 나타난다. — 한국인이 수상한 노벨상은 1개, 그러나 유대인이 수상한 노벨상은 230개!

유대인들은 질문을 매우 중요하게 생각한다. 아이가 학교에서 돌아오면, 유대인 부모들은 이렇게 묻는다.

"오늘은 어떤 질문을 했니?"

●●● 2천 년을 이어져 온 유대인의 질문 문화

유대인의 질문 문화는 가정에서 시작된다. 질문으로 아이의 생각 나무에 물을 주고, 창의력이라는 열매를 맺는다. 그 결과 아이는 어떤 시련에도 쉽게 흔들리지 않는 뿌리 깊은 생각 나무로 자란다.

질문에 기반한 밥상머리 대화는 수천 년간 이어져 내려온 그들의 고유한 문화이다. 유대인들은 2천 년 전에 로마의 강제 이주 정책으로 인해 전 세계로 뿔뿔이 흩어졌다. 그렇게 흩어진 유대인들이 터전을 잡은 곳 중에는 이스라엘 땅과 가까운 아프리카 지역도 포함된다.

아프리카의 깊숙한 내륙에 위치한 우간다에는 유대인들이 모여 사는 '아부유다야' 마을이 있다. 그곳으로 건너간 유대인들이 현지인과 결혼을 거듭하며 혈통이 이어진 결과, 오늘날 아부유다야 마을 사람들은 외모는 흑인이지만 뼛속 깊이 유대인의 정체성을 보존하고 있다. 그들은 매주 한 번 이상 모여서 삼삼오오 짝을 지어 질문과 대화를 한다.

EBS 방송에서 그들을 심층 취재한 적이 있다. 그날도 어김없이 마을 사람들이 모여 질문과 대화를 주고받았다. 질문 주제는 '축복'이었다. 축복의 장점과 단점을 물으며 시작한 대화는 열띤 토론으로 이어졌다. 그들은 왜 축복을 대화의 주제로 선택했을까? 축복은 널리 쓰이는 쉬운 단어이지만, 그 안에 함축하고 있는 의미는 아주 심층적이다. 이처럼 쉽고 익숙한 단어를 이용해 대화하고 토론하는 '키워드 질문놀이'는 작은 것에서 새로움을 찾아내고 융합하는 지적 놀이다. 아부유다야 마을 사람들은 이런 질문놀이를 통해 어른 아이 할 것 없이 끊임없이 생각하고 자신을 성찰한 덕분에 2천 년을 아프리카 땅에서 살면서도 유대인의 정체성을 유지할 수 있었다.

••• 일상 속에서 자주 쓰이는 익숙한 단어일수록 좋다

"질문이 좋은 건 알겠는데 어떤 질문이 좋은가요?"

부모들이 내게 흔히 하는 질문이다. 나는 이렇게 대답한다.

"일상적으로 자주 쓰는 키워드에 관한 질문이 좋습니다."

일상생활에서 자주 쓴다는 것은 그만큼 중요하다는 것이다. 또한 그 의미가 포괄적이고 다양하여 아이와 질문과 대화를 나누기가 쉽다. 나는 주로 아이들과 함께 밥을 먹거나 자동차를 타고 이동할 때 키워드 질문놀이를 많이 한다. 그 방법과 순서는 다음 장을 참고해보자.

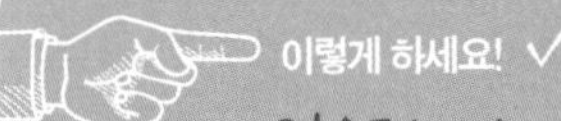

익숙한 단어로 하는 키워드 질문놀이

- **행복, 사랑, 가족, 친구, 희망, 돈, 하늘, 학교** 등 **일상생활에서 자주 쓰는 하나의 키워드**를 질문놀이 주제로 선택한다. 아이에게 키워드 선택권을 주어도 좋다. 때로는 가위바위보를 해서 이기는 사람이 키워드 선택권을 가지도록 해서 아이가 즐겁게 참여하도록 이끈다.
- **'희망'이라는 키워드를 골랐다면 희망에 관한 여러 질문을 생각해본다.** '희망이란 무엇일까?' '지금 너의 희망은 무엇인가?' '희망은 좋은 것인가?' '희망이 나쁠 때는 언제인가?' '희망의 없는 사람의 특징은 무엇인가?' 등의 질문을 던지고 대화를 시작한다.
- 이때 대화방법은 두 가지다. 먼저 **가족들이 번갈아 가며 하나씩 질문을 말하고, 그중에서 괜찮은 질문을 뽑아서 대화를 시작하는 방법**이 있다. 또 다른 방법은 **하나의 질문에 대해 답을 주고받은 다음에 그다음 질문으로 넘어가는 방법**이다.
- 아이가 어떤 질문과 대답을 하든 긍정적으로 받아들이는 **브레인스토밍 방식의 대화**를 통해 그 시간을 재미있고 유쾌하게 만드는 것이 특히 중요하다.
- **대화를 끝낼 때는 '키워드는 (　　)이다'라고 질문하면 좋다.** 만약 그날의 주제가 희망이라면 "희망은 (　　)이다!"의 빈칸에 들어갈 말을 질문해서 각자 희망에 대해 정리하고 부드럽게 마무리한다.

행복은 (　　)이다?!

진정한 행복이란 무엇일까?

지금부터는 필자가 딸 지유, 아들 찬유와 함께 나눈 대화를 통해 일상 속 키워드 질문놀이의 실제 사례를 살펴보자. 특히 서로에게 하는 질문에 주목하기 바란다(분홍색으로 표시하였다). 행복이라는 키워드에 관해 생각을 이어갈 수 있도록 다양한 질문을 던지는 것을 알 수 있다.

일상적이고 익숙한 '행복'이라는 키워드로 대화를 시작하였다.

찬유 엄마, 아빠와 같이 있는 게 행복이야.

지유 자기 꿈을 이루는 거. 그리고 수학을 잘하면 행복할 것 같아.

엄마 왜 그런 생각이 들었어?

지유 수학이 좀 어렵거든.

지유는 학원에 다니지 않고 집에서 자기주도학습을 한다. 덕분에 성적이 많이 올랐다. 하지만 다른 과목에 비해 유독 수학을 어려워한다. 열심히 해도 실력이 오르지 않으니 스트레스를 좀 받고 있다.

엄마 행복은 뭐라고 생각해?

지유 뭔가 가슴이 벅차오르는 느낌인데, 엄마하고 아빠하고 같이 있으면 그래.

아빠 야! 아주 고마운 얘기다. 좋다!

찬유 텔레파시 같은 것으로 사랑이 이어져 있는 느낌!

엄마 찬유 표현이 좋네!

지유 그런데 아빠는 가끔 짜증을 내는데 라면을 많이 먹어서 그런 것 같아. 실과 선생님이 그러셨는데 라면에는 짜증을 많이 내는 성분이 들어 있대. 선생님이 직접 30일 동안 라면을 먹으면서 실험해보니, 친구를 만났는데도 이야기하기 싫고 그냥 빨리 집에 가고만 싶었대.

아빠 라면과 행복이 상관이 있는 건가?

지유 난 있다고 생각해.

사실 난 라면을 좋아하고 자주 먹는다. 그래서인지는 모르겠지만 욱하는 성질이 있어서 짜증을 많이 내는 편이다. 늘 반성하지만 잘 고쳐지지 않는다. 문제는 지유도 라면을 아주 좋아한다는 점이다.

엄마 인스턴트 음식을 많이 먹으면 그럴 수도 있지. 그런데 아빠는 라면을 너무 좋아해. (웃으며) 반성을 좀 해야겠군요!

••• 우리는 언제 행복하며, 행복의 조건은 무엇일까?

아빠 행복감을 느껴본 적이 있니?

지유 지금!

아빠 지금 행복해?

지유 응, 엄마 아빠랑 같이 이야기하고 있으니까.

찬유 난 엄마 아빠랑 같이 고기 먹을 때 행복해! (웃음)

엄마 또 언제 행복해?

지유 엄마랑 데이트할 때 행복해. 같이 케이크도 먹고 쇼핑하고.

아빠 그럼 아빠하고는 언제 행복해?

지유 아빠가 행복해할 때 행복해.

아빠 (하이파이브) 아! 고마워, 지유야. 우리 딸이 최고야!

찬유 아빠가 행복하면 누나는 항상 행복하겠네.

아빠 그래, 아빠가 늘 행복해야겠다. 마인드컨트롤도 잘하고.

아이들의 말에 다시 한번 마음속으로 반성하며, 다음 질문으로 넘어갔다.

아빠 지유와 찬유는 행복할 때가 많니, 불행할 때가 많니?

지유 행복할 때가 더 많은 것 같아.

찬유 나도 행복할 때가 훨씬 많아.

아빠 아빠는 무감각할 때가 많아. 행복하지도 않고 불행하지도 않은 거지. 그런데 너희들처럼 어릴 때는 행복할 때가 많았던 것 같아. 아빠는 왜 어른이 되면서 행복이 줄어들었을까? 그런데 이건 아빠뿐만이 아닌 것 같아.

엄마 어른이 되면 확실히 행복이 줄어드는 것 같아. 왜일까?

찬유 걱정이 많아서 그런 게 아닐까.

지유 일을 해서 돈을 벌어야 하니까 재미가 없을 거 같아.

아빠 그래, 분명히 그런 이유도 있을 거야. 그리고 아빠가 책에서 읽은 건데 하버드대학교에서 행복에 관해 연구한 결과, 행복의 여러 조건 중에서 친구가 중요한 역할을 한대. 아빠는 어른이 되면서 친구가 많이 없어졌는데 그래서일 수도 있어.

지유 왜 어른이 되면 친구가 없어져?

아빠 결혼하고 각자 가족이 생기면서 가족을 중심으로 살게 되기 때문이야. 자연스럽게 친구와 만나는 시간이 줄어들면서 사이가 멀어지지.

엄마 혹시 오늘 행복을 느낀 적이 있니?

찬유 오늘 친구랑 놀이터에서 경도(경찰과 도둑놀이)할 때 좋았어. 어떻게 하는 거냐면 한 명이 경찰이 되어서 막 잡으러 다니는 거야. 나는 오늘 한 번도 안 잡혔어.

아빠 찬유는 안 잡혀서 행복했던 거니, 친구들과 놀아서 행복했던 거니?

찬유 (웃으며) 당연히 친구랑 놀아서지.

지유 나도 친구랑 놀거나 이야기할 때 행복했어. 특히 수현이하고.

아빠 요즘 지유는 수현이랑 제일 친하게 지내는 것 같더라. 혹시 반에서 안 친한 친구도 있니?

지유 응, 남자애들 중에 싫어하는 애가 있어.

아빠 누구?

지유 이름은 안 돼. 비밀정보야. (그 애의) 사생활 침해야.

엄마 (웃으며) 지유는 싫어하는 친구도 보호해주는구나.

아빠 그런데 왜 그 친구가 싫어?

지유 짜증이 많아. 벌써 사춘기가 온 것 같아.

찬유 나도 사춘기가 온 것 같아.

엄마 왜 그렇게 생각해?

찬유 요즘은 사춘기가 빨리 오잖아. 그래서 나도 그런 것 같아.

지유 아닌 것 같은데.

엄마 사춘기라고 할 만한 증상이 있어?

찬유 으음……. 그건 잘 모르겠는데.

아빠 (웃으며) 우리 아들 야한 생각을 많이 하나? (찬유가 어이없는 표정으로 보았다.) 사춘기가 되면 어떤 증상이 나타나니?

지유 엄마 아빠한테 반항하고 고집이 세져. 여드름도 나고.

찬유 난 사춘기가 없었으면 좋겠어.

아빠 왜?

찬유 우리의 삶을 방해하니까. 난 반항하는 거 싫어.

••• 행복은 우리의 삶에 어떤 영향을 미칠까?

엄마 행복하면 좋은 점이 뭘까?

찬유 오래 살 수 있어. 행복하면 뇌에서 좋은 성분이 나와서 기분이 좋아져. 행복하지 않으면 스트레스를 받아서 빨리 죽어.

지유 긍정적인 생각을 하면 오래 살고 스트레스를 이겨낼 수 있어. 그리고 내가 행복하면 다른 사람도 기분이 좋아져. 친구가 뚱해 있으면 나도 별로 기분이 안 좋아.

찬유 담배를 피우면 주위 사람들한테 연기가 가서 안 좋잖아. 그것처럼 주위 사람이 행복하면 덩달아 행복해지는 것 같아.

아빠 그러고 보면 행복은 서로 나누는 거네.

••• 행복과 돈, 두 가지 키워드의 상관관계 생각해보기

아빠 행복과 돈은 상관이 있을까?

찬유 무슨 상관이 있냐면, 자기가 열심히 일해서 돈을 많이 벌었어. 그 돈으로 아이들한테 장난감도 사주고 같이 맛있는 것도 먹으면 뿌듯하고 행복할 것 같아. 그런데 돈이 많으면 불안해질 수도 있어. 도둑이 와서 돈을 가져갈지도 모르니까.

지유 찬유가 이야기한 거랑 연결되는 책이 있어. 《행복한 토스트》라는 책이야.

아빠 어떤 내용이야?

지유 어느 돈 많은 사장이 있었어. 그 사람은 사장이지만 전혀 행복하지 않았어. 직원들의 인사를 받아도, 맛있는 커피를 마셔도. 왜냐면 돈이 너무 많아서 도둑들이 훔쳐 갈까 봐 매일 걱정했거든. 토스트를 파는 가난한 청년이 그 사장에게 행복해지려면 걱정이 없어야 한다고 했어. 사장은 그때부터 걱정을 하지 않아서 행복해졌어. 그런데 토스트 파는 청년이 갑자기 부자가 됐는데 행복해지지 않았어. 그 사람도 큰 집으로 이사 가고 욕심이 많아지면서 불행해졌어. 결국 청년은 다시 옥탑방으로 이사를 했어. 그리고 다시 행복해진 이야기야.

엄마 엄마도 기억난다. 예전에 엄마가 지유하고 찬유에게 읽어 줬던 책인데. 엄마도 그 책 읽으면서 많은 생각을 하게 됐어.

이때, 찬유가 책을 찾아서 들고 왔다.

아빠 찬유가 읽어주려고?

찬유 응, 잘 들어봐. "청년은 날마다 늦게까지 열심히 일했어요. 사장님은 청년의 월급을 올려 주었어요. 청년은 비싼 옷과 스피커가 달린 오디오도 샀어요. 회사에 다니기 편하게 자동차도 한 대 사야겠어. 다달이 자동찻값을 내야 했지만 청년은 행복했어요. 그런데 청년이 사는 언덕배기 좋은 골목길로는 자동차가 다닐 수 없었어요. 청년은 하는 수 없이 큰길가로 이사를 했어요. 청년은 슬그머니 걱정이 되었어요. 자동찻값도 내고 빌린 돈도 갚으려면 돈이 더 필요한데 월급이 안 오르면 어쩌지? 이것도 사야 하고, 저것도 사고 싶어. 갖고 싶은 물건들은 자꾸 늘어났어요. (중략) 어느 날 문득 청년은 생각했어요. 나는 왜 행복하지 않을까? 토스트 가게를 할 때보다 돈을 더 많이 버는데, 더 좋은 집에 살고, 더 비싼 옷을 입고, 자동차도 생겼는데. 마침내 결심했어요. 자동차를 팔고 옥탑방으로 이사를 한 거예요. 다시 손수레를 들고 다시 거리로 나섰지요. 자! 토스트 드세요. 따끈따끈한 토스트! 달콤하고 고소한 행복 토스트랍니다. 어깨를 들썩들썩, 고개를 까딱까딱. 프라이팬 위에서는 토스트가 지글지글. 청년은 예전처럼 행복해졌답니다."

엄마 찬유야! 읽어줘서 고마워. 엄마는 찬유가 책을 읽어줘서 행복하다.

아빠 좋은 내용이네. 그럼, 찬유는 돈과 행복이 상관있다고 생각하니?

찬유 꼭 그럴 필요 없어. 긍정적으로 생각하는 게 중요한 것 같아. 아무리 가난해도 아빠가 말해준 빅터 프랭클처럼 희망을 품고 있으면 행복해질 수 있어.

언제인지 정확히 기억나지는 않지만 나는 아이들에게 아우슈비츠 수용소에서 살아남은 빅터 프랭클 박사 이야기를 해주었다. 정신과 의사였던 빅터 프랭클은 3년 동안 수용소에서 있으면서 자살하는 사람들을 관찰했는데 그들의 공통점은 삶에 대한 희망이 없었던 것이라고 말했다. 반대로 살아남은 사람들은 하나 같이 삶에 대한 희망을 간직했다고 말했는데, 찬유가 그걸 기억하고 있었다.

아빠 어디에 돈을 쓰면 행복할까?

지유 가족한테 쓰고 쇼핑도 하면 좋아. 그리고 친구들한테 쓰면 행복할 것 같아.

찬유 위(we). 우리한테 쓰면 행복해.

엄마 누구를 말하는 거야?

찬유 친구, 어린이, 전 세계 사람들.

아빠 전 세계 사람은 엄청 많은데 그중에 누구한테 쓰면 행복할까?

찬유 가난해서 생활하기 어려운 친구들을 도우면 행복할 것 같아.

지유 나는 구호단체 광고에 나오는 어려운 사람들한테 쓰고 싶어.

아빠 지유랑 찬유는 나중에 돈 벌면 그런 사람들을 도와줄 거니?

지유, 찬유 응!

아빠 와! 멋지다! (지유, 찬유와 하이파이브.)

●●● 키워드 질문놀이 마무리하기

아빠 마지막으로 '행복은 ( )이다'에 관해 생각해볼까?

지유 행복은 엄마다. 엄마는 예쁘고 착하니까. 그리고 나를 사랑해주니까. 또 행복은 가족이다.

찬유 행복은 우리다. 다 같이하면 뭐든지 좋고 다 같이 행복을 나눌 수 있으니까.

아빠 (웃으며) 여러 사람들에게 행복을 주기 위해서 우리 찬유는 대통령 해야 하겠다. 아빠도 이야기해볼게. ─행복은 사랑이다. 사랑을 많이 하면 행복도 커지니까.

엄마 행복은 나눔이다. 나눌수록 더 커지니까.

키워드로 하는 질문식 대화법은 아이들의 생각을 깊게 만들어 사고력을 키운다. 이런 대화를 자주 하면 키워드 하나에도 다양한 뜻이 숨겨져 있음을 깨닫고, 어떤 소재든 스토리텔링으로 풀어낼 수 있는 창의성이 생겨난다. 소크라테스가 질문을 통해 사람들이 스스로 진리를 찾도록 도와준 방법과 유사하다.

이날 지유와 찬유는 모호하게만 생각해왔던 '행복'이라는 키워드에 관해 이야기하면서 조금 더 행복해지지 않았을까? 나는 아이들과 대화를 나누면 꼭 녹음을 하는데, 시간을 보니 28분을 넘겼다. 짧지만 깊이 있었던 대화의 시작은 행복에 관한 간단한 질문이었다.

나는 밥상머리에서 대화와 토론으로 세상을 배웠다.

— 마크 저커버그(페이스북 창립자)

2

질문 하나로
아이의 인생이 바뀐다면

긍정 사고력을
장착시키는
기분 좋은 질문

단순한 질문으로 아이는 행복해진다

일을 마치고 집으로 돌아와 가족과 함께 밥을 먹는 일은 누구나 바라는 평범한 일상이다. 이런 평범함이 특별한 일처럼 느껴진다면 변화가 필요하다. 어른도 바쁘고 아이도 바쁜 세상. 어른은 돈을 버느라 집에 오지 못하고, 아이는 학원에 다니느라 함께하지 못한다. 어느새 온 가족이 둘러앉은 저녁 식탁은 특별한 것이 되어 버렸다.

진짜 문제는 시간이 아니라, 의지가 아닐까?

세계에서 가장 바쁜 인물 중 하나였던 버락 오바마는 미국 대통령 재임 시절에도 저녁 6시 30분이면 어떠한 일이 있어도 일을 중단하고 아이들과 저녁 식탁에 앉았다. 백악관 참모들은 불만이 많았지만 오바마는 그 시간을 결코 양보하지 않았다. 스타벅스 사장 짐 도널드는 분 단위로 스케줄이 있는 사람이었지만 아이들과 저녁을 함께하기 위해 새벽 5시에 하루를 시작했다. 새벽에 출근하는 대신에 일찍 퇴근한 것이다. 평범한 저녁 식탁을 지키려는 크고 작은 노력은 명문가 부모들의 공통점이다.

아이가 바빠서 저녁 식사를 함께 하기가 힘들다면? 방법은 간단하다. 사교육을 줄이고 집에서 자기주도학습을 하도록 유도하면 된다. 지금 우리 집이 그렇게 하고 있다. 쉽지 않지만 꼭 필요한 일이다.

●●● 내 아이를 행복하게 해주고 싶다면

부모들에게 왜 사냐고 물어보면 십중팔구 '아이들을 위해서', '행복하게 살기 위해서'라는 답이 돌아온다. 그렇다면 행복이란 무엇인가? 생각보다 단순하다. 심리학자 김정운은 '행복이란 사랑하는 사람과 맛있는 음식을 함께 먹는 것'이라고 했다.

일례로, 나의 아들 찬유는 언제 행복하냐는 질문에 "엄마 아빠와 함께 고기 구워 먹을 때"라고 대답했다. 찬유는 고기를 참 좋아한다. 하지만 엄마 아빠를 더 좋아한다. 자신이 좋아하는 고기를 사랑하는 부모와 함께 먹으니 얼마나 좋겠는가? 비단 찬유뿐 아니라 모든 아이가 그러할 것이다. 좋아하는 음식을 사랑하는 가족과 함께 먹으며 도란도란 이야기를 나누는 정겨운 식사 시간에서 아이들은 큰 기쁨과 행복, 만족감을 느낀다.

저녁 식탁에 온 가족이 기분 좋게 둘러앉았다면 행복의 반은 채운 것이다. 나머지 반은 질문과 대화로 채워야 한다. 그러나 우리나라의 가족 식사 풍경을 보면 어색하기 짝이 없다. 대부분 약속이나 한 듯 침묵을 지킨다. 심지어 TV를 틀어놓거나 각자 스마트폰을 보는 경우도 많다. 그렇게 밥을 먹고 나면 배는 부를지 몰라도 행복의 허기는 채워지지 않는다.

그렇다면 식탁에서 무엇을 해야 할까? 대화다. 물론 쉽지 않다. 어릴 때부터 듣고 자란 '밥상머리에서 조용히 해라'는 잘못된 교육 때문이다. 그러나 생각해 보라. 집에서는 아이에게 "밥 먹을 땐 조용히 해야지"라고 말하면서, 희한하게도 직장동료 또는 친구들과 밥을 먹을 때는 많은 대화를 주고받는다. 비즈니스 때문에 가지는 식사 자리에서는 더하다. 침묵은 예의가 아니라고 생각해 여러 질문과 대화거리를 쥐어 짜낸다. 특히 술자리에서는 언제 그랬냐는 듯 수다쟁이가 된다. 밖에서 하듯이 집에서도 해보자. 침묵의 밥상을 깨면 아이들이 재잘거리는 즐거운 밥상이 된다. 가정의 분위기가 변화한다.

••• 행복을 연습시키는 질문법

어렵게 생각하지 말자. 일상적인 질문으로 열어가자.

"오늘 가장 기분 좋았던 일은 뭐였니?"

조금 내성적인 아이라면 부모가 먼저 오늘 가장 기분 좋았던 일을 이야기하며 말문을 열어보자. 그런 다음 아이에게 질문하면 된다.

이러한 질문은 아이의 행복감과 자존감을 높인다. 어떤 상황에서도 자신감을 잃지 않고, 도전의식을 가지고 성공하는 사람으로 자라나게 한다. 라이프이즈굿(Life is good)이라는 세계적 의류 브랜드를 만든 제이콥스 형제는 기분 좋은 질문의 힘을 보여주는 대표적인 사례이다.

제이콥스 형제는 불우한 환경에서 자랐다. 갑작스러운 사고로 아버지는 장애인이 되었고, 자신의 감정을 조절하지 못해 아이들에게 폭력을 행사하기도 했다. 그러나 형제에게는 엄마가 있었다. 매일 저녁 엄마는 6남매와 함께 밥을 먹으며 똑같은 질문을 했다.

"오늘 가장 기분 좋았던 일은 뭐였니?"

엄마의 질문에 아이들은 시끌벅적하게 기분 좋은 이야기를 쏟아냈다. 집 안에는 긍정 에너지가 가득 차올랐다.

어른이 된 제이콥스 형제는 티셔츠 사업을 시작하였다. 두 사람은 몇 년 동안 미국 전역을 떠돌며 티셔츠를 팔았지만 남은 건 빚밖에 없었다. 절망적인 순간 그들은 엄마가 매일 저녁밥상에서 한 질문을 떠올리고 새로운 티셔츠에 이렇게 새겼다.

"라이프 이즈 굿!(Life is good!)"

이들의 티셔츠 회사는 오늘날 세계적인 의류 브랜드가 되었다. 엄마의 질문이 아이들의 인생을 바꾼 것이다.

질문이 아직 어렵다면, 가족과의 대화가 아직 익숙하지 않다면 제이콥스 형제의 엄마를 따라 해보자. 행복도 연습이다. 일상에서 행복을 끄집어내는 연습을 반복하면 정말 행복감이 생긴다. 기분 좋은 생각, 긍정적인 생각을 자주 하는 사람은 당연히 행복할 수밖에 없다. 그런 사람은 힘들고 어려운 일이 있어도 긍정의 힘으로 극복하고 재빨리 회복한다.

매일 저녁 우리 가족에게 행복을 주는 질문을 해보자. 밥상의 질이 달라질 것이다. 아이가 요즘 무슨 생각을 하는지 어떤 하루를 보내는지 스케치할 수 있는 건 덤이다.

MBC 스페셜 〈행복에 이르는 10단계〉를 참고해보자. 행복도 연습되며, 습관이 되는 것을 알 수 있다. 아이들과 행복습관을 만들어 실천해보자. 예를 들어, 테레사 수녀의 영상을 보는 것만도 행복감을 느낄 수 있다.

이렇게 하세요! ✓

기분 좋은 질문으로 대화를 여는 방법

- 아이에게 '**오늘 하루 가장 기분 좋은 일은 뭐였니?**'라며 질문한다.
- 아이가 쉽게 대답을 하지 못한다면 부모가 먼저 이야기하며 대화를 유도한다.
- 기분 좋은 일에 대한 이야기를 듣고 난 후에는 궁금한 점 등 **다른 질문을 통해 대화를 지속적으로 이어간다**. 예를 들어 아이가 친구와 놀았던 이야기를 한다면 놀이 종류와 방법, 친해진 계기, 친한 이유, 친구의 성격, 장점 등 질문의 꼬리를 물며 대화를 이어나간다.
- 마지막에는 '**오늘 하루는 (　　　)이다**'를 질문하고 하루를 정리하는 시간을 갖는다.

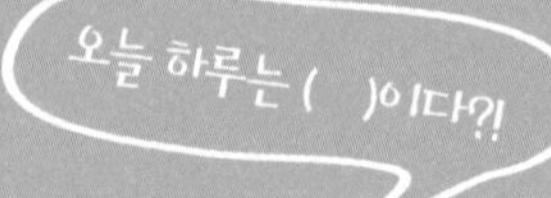

실제 사례로 배우기

오늘 하루 가장 기분 좋았던 일이 뭐였니?

아이들에게 매일의 행복을 일깨워주는 대화는 어떻게 이끌어나가는 것이 좋을까? 앞서 말했듯 가장 먼저 '오늘 하루 가장 기분 좋았던 일'을 묻는 것으로부터 시작하여 아이의 일상생활에 관하여 대화를 나눠보자.

아빠 찬유는 오늘 하루 가장 기분 좋았던 일이 뭐였니?

찬유 학교 놀이터에서 현호랑 도영이랑 놀았던 거.

아빠 뭐 하고 놀았니?

찬유 철봉에 매달리기도 하고, 달리기도 했어. 삼총사랑 맛있는 것도 사 먹었어.

아빠 삼총사가 있어서 학교생활이 더 재미있겠구나. 맛있는 건 뭐 먹었어?

찬유 초콜릿으로 된 새우깡! 도영이가 사줬어.

엄마 그런 새우깡이 있어?

지유 그거 작년에 나왔어. 나도 발레 가기 전에 사 먹고 싶어.

아빠 돈은 누가 낸 거야?

찬유 도영이가 냈어. 도영이는 돈이 많아. 그리고 도영이가 과자 사 먹자고 해서 학교 끝나고 편의점에 가서 사 먹었어.

아빠 다음에는 찬유가 친구들한테 한 번 사줘.

찬유 네. …… 그런데 선생님이 학교에 돈 가져오지 말라고 하셨어. 그럼 몰래 가져갈까?

엄마 왜 돈을 가져오지 말라고 하셨을까?

지유 우리 선생님은 가져오지 말라고는 안 하고, 학교에 돈 가져와서 잊어버리면 자기가 책임을 져야 한다고 말씀하셨어.

찬유 아니야. 가져오지 말라고 하셨어!

지유의 말에 찬유가 약간 화가 났다. 이때 부모가 중재를 잘해야 저녁밥상이 평화롭다. 지유와 찬유는 가끔 싸운다. 거의 모든 남매가 그렇듯이 말이다.

아빠 지유네 선생님과 찬유네 선생님이 학교에 돈을 가져오는 거에 대해서 조금씩 다르게 말씀하셨구나. 왜 그럴까?

지유 난 5학년이고 찬유는 3학년이잖아. 5학년은 조금 크니까 스스로 관리를 해야 한다고 말한 거고, 3학년은 아직 어리니까 아예 가져오지 말라고 한 거 같아.

엄마 찬유 생각은 어떠니?

찬유 나도 그런 거 같아.

아빠 지유는 오늘 하루 가장 기분 좋았던 일이 뭐였니?

지유 발레 간 거랑, 발레 끝나고 도연이랑 유빈이랑 놀이터에서 논 거.

아빠 유빈이는 누구야?

지유 피아노 학원에서 만난 4학년 동생이야.

엄마 뭐 하고 놀았니?

지유 얼음땡하고, 악어놀이.

아이들의 매일 일상, 친구관계 등에 관하여 질문하며 대화를 이어나가자.

엄마 얼음땡은 엄마도 어릴 때 많이 해서 알겠는데, 악어놀이는 어떻게 하는 거야?

지유 놀이터 기구에 올라가면 술래가 밑에서 악어처럼 잡는 거야. 잡히면 술래가 되는 거고.

찬유 똑같은 방법인데 이름만 다른 놀이도 있어.

아빠 아! 그런 게 있니?

찬유 응, 상어놀이! 악어놀이랑 똑같은 거야.

지유 참! 오늘 학교 도서관에서 책 빌려왔어. 재미있을 것 같아.

나는 아이들의 독서습관을 잡아주기 위해 학교 도서관에서 읽고 싶은 책 한 권을 매일 빌려오라고 권한다. 다행히 지유와 찬유가 잘 따라줘서 독서습관을 잡는 데 큰 도움이 되었다.

아빠 지유가 책 이야기를 하니까 생각났다. 엊그제 도서관에 갔다가 찬유 또래의 아이가 《사피엔스》를 읽고 있는 모습을 봤어. 아이가 읽기는 어려운 책인데 조금 놀랐어.

찬유 몇 학년인지 물어보지 그랬어.

아빠 책 읽고 있는데 방해되잖아.

지유 그걸 물어볼 필요가 있어?

찬유 궁금하니까.

우리 집에는 유발 하라리가 쓴 《사피엔스》가 있다. 조금 과장해서 두께가 벽돌만 한데 그걸 자기 또래가 읽었다고 하니까 찬유가 승부욕이 난 듯했다. 아니나 다를까. 다음날 찬유는 《사피엔스》를 꺼내서 읽기 시작했다. 그러나 27쪽까지 읽더니 다시 책장을 덮었다. 왜 안 읽느냐고 물었더니 "아빠가 읽다가 그만둔 유발 하라리의 《호모 데우스》를 다시 읽으면 그때 나도 같이 읽겠다"고 말하는 것이었다. 그 책도 벽돌이다. 내가 그 책을 읽다가 그만둔 이유는 기대보다 재미가 없어서였다. 찬유를 위해서 다시 읽어야 할까 심각하게 고민 중이다.

••• 최근에 가장 재미있게 본 책이나 영화는?

아빠 지유가 요즘 읽은 책 중에 제일 재미있게 본 건 뭐였어?

지유 《원더랜드》 하고 《초등영어 독서가 답이다》 야.

아빠 《초등영어 독서가 답이다》는 어른이 읽는 책인데 재미있었니?

지유 응, 영어공부를 어떻게 해야 하는지 잘 나와 있어서 도움이 됐어.

엄마 찬유는 요즘 만화로 된 조선왕조실록을 보고 있던데 재미있니?

찬유 재미있어. 그 책은 20권짜리인데 할머니가 전에 다 읽으셨대.

아빠 그래? 할머니가 책을 다 읽으셨어? 대단하신데.

찬유 아빠! 나 내일 수학 단원평가 봐.

아빠 수학이 어렵지 않니?

찬유 EBS 매일 보고, 문제집도 하루에 2장씩 푸니까 어려운 건 없어.

아빠 EBS 수학 매스(MATH)인가? 그거 본 이후로 실력이 많이 는 것 같다. 지유도 그렇고.

지유와 찬유는 일 년 전부터 영어, 수학 등의 교과학원은 전혀 다니지 않고 있다. 피아노, 수영 등 자신이 원하는 예체능만 배우고 있기에 학교를 마치고 오면 시간이 넉넉하다. 영어는 EBS 초목달(초등목표달성), 수학은 EBS 매스를 통해 자기주도학습을 하고 있다. 일 년 전만 하더라도 지유는 영어 학원 스트레스가 심했다. 학원 갔다가 집에 오면 어려운 영어숙제를 하느라 끙끙댔다. 그랬던 아이가 학원을 싹 끊고 오히려 성적이 쑥쑥 올랐다. 자기 주도학습의 힘이다.

찬유 엄마! EBS 수학 선생님 중에 요즘 내가 제일 집중해서 보는 선생님이 누구인지 맞춰 봐.

엄마 좀 어려운데.

찬유 박용준 선생님이야.

아빠 그 선생님이 잘 가르치는가 보구나. 찬유가 생각할 때 학교 선생님이 잘 가르치니, EBS 선생님이 잘 가르치니?

찬유 EBS 선생님이 더 잘 가르쳐.

지유 난 우리 학교 선생님이 더 잘 가르치는 것 같은데.

엄마 오! 놀라운 사실인데. 지유네 선생님이 아주 실력이 있으신가 보다. EBS는 잘 가르치는 선생님을 뽑거든.

아빠 지유는 오늘 수업 중에 가장 재미있었던 건 뭐였니?

지유 요즘 창체(창의적체험활동) 시간에 애니메이션을 만들고 있는데, 오늘은 한 칸 만화를 그렸어. 진짜 재미있었어.

엄마 한 칸 만화는 뭘 그렸어?

지유 주제가 무인도였는데, 나 혼자 무인도에 떨어져서 식빵인형을 들고 두리번거리고 있는 모습을 그렸어. (가족 모두 웃음)

아빠 왜 두리번거렸어?

지유　이제 여기서 어떻게 살지? 그런 생각을 하고 있는 장면이야.

엄마　왜 식빵이 아니라 식빵인형을 들고 있니?

지유　(웃으며) 귀엽잖아.

엄마　지유가 식빵인형 때문에 위로가 됐겠다. 찬유는 요즘 무슨 과목이 제일 재미있어?

찬유　체육하고 수학.

엄마　전에는 수학 싫어했잖아.

찬유　EBS로 공부하고부터는 재미있어졌어. 나도 누나처럼 만평 그려도 돼?

아빠　그럼. 이제 밥 다 먹었으니까 스케치북 가져와서 그려봐. (잠시 후) 어떤 만평인지 설명해줄래?

찬유　김기식 이야기인데……. 청와대가 김기식 엄마야. 국회의원들이 화살을 막 쏘니까 김기식을 보호하는 거야. 나중에는 대포까지 쏴서 청와대에서 "그만 해라이!" 그러는 거야.

찬유가 그린 만평을 보고 무척 놀랐다. 금감원장에 취임했다가 여러 논란 끝에 낙마했던 김기식에 대한 스토리를 한 장에 함축적으로 담았다. 지유와 찬유는 매일 신문기사를 하나씩 읽고 스크랩을 하고 있다. 오랫동안 신문을 읽으며 생긴 내공이 아닐까 싶다. 찬유가 신문 만평을 재미있게 보고 있다는 건 이날 처음 알았다.

●●● 빈칸을 채우며 마무리하기

아빠 '오늘은 (   ) 이다'를 말해볼까?

찬유 오늘은 만평이다. 만평처럼 재미있게 놀았으니까.

지유 오늘은 식빵인형이다. 식빵인형을 그리면서 재미있었어.

엄마 오늘은 발견이다. 지유와 찬유의 이야기를 들으면서 많은 걸 알게 되었으니까.

아빠 오늘은 즐거움이다. 즐거우면 재미있고 기분이 좋아지니까. 우리 가족 모두 항상 즐거웠으면 좋겠다.

저녁 밥상에서 아이들과 질문과 대화를 하다 보면 이전에는 전혀 몰랐던 아이들의 세상 사는 이야기를 들을 수 있다. "오늘 가장 기분 좋았던 일은 뭐였니?"라는 긍정적인 질문으로 시작하여 질문이 꼬리를 문 결과, 아이들의 학교생활과 일상에 대해 자세히 알게 된 소중한 시간이었다. 지유는 말이 느리고 내성적인 아이지만 기분 좋은 이야기를 할 때는 말이 빨라지고 많아진다. 그럴 때면 평소에는 접하기 힘든 여러 이야기를 들을 수 있다. 오늘 저녁밥상에서 아이들에게 질문을 던져보자. 당신이 몰랐던 수많은 이야기가 펼쳐질 것이다.

3

사춘기 아이와도
대화를 이어나가는 비결

아이의 뇌를
춤추게 하는
질문꼬리물기

질문은 아이의 생각과 마음을 여는 열쇠다

아이와 대화를 하고 싶은데 맘처럼 쉽지 않다고 호소하는 부모가 많다. 우리나라에서는 아이가 커갈수록 부모와 나누는 대화의 질이 떨어지고 서먹서먹한 사이가 돼버리는 걸 흔하게 볼 수 있다. 아이와 활발하게 대화하는 부모들을 보면 마냥 부럽고 특별해 보이기까지 한다.

부모와 대화를 지속적으로 이어나가는 아이를 보면 기본적으로 남의 이야기를 진지하게 경청하는 특징을 보인다. 또한 상대방 이야기의 핵심을 파악하고, 자신의 생각을 정리해서 전달하는 능력도 뛰어나다. 한 마디로 '인성'을 갖추었다고 할 수 있다. 부모가 아이와 자주 대화하기만 해도 아이는 이와 같은 인성을 자연스럽게 배운다. 인성은 타인을 배려하는 마음이다. 타인을 배려하지 않는 대화는 금방 한계에 부딪히고 끝나 버린다. 부모가 아이와 지속적인 대화를 하면 아이에게 좋은 인성이 자연스럽게 스며든다.

인성뿐일까? 아이는 부모와 대화를 통해서 생각의 힘을 키운다. 4차 산업혁명 시대에 가장 중요한 소통, 협력, 창의력, 비판적 사고력, 문제해결력은 대화를 통해서 자연스럽게 익힐 수 있다. 이런 가치는 지식을 암기하고 주입하는 한국의 학교교육에서는 기대하기 힘들다.

대화는 쌍방향 소통이다. 그런데 중·고등학교 교실에 가면 엎드려 잠자는 아이가 많다. 이유가 뭘까? 대부분의 교사가 학생과 소통하는 것이 아니라 일방적으로 지식을 전달하기 때문이다. 교사와 소통이 없으니 지루하고 졸린 것이다.

나는 교사를 양성하는 교육대학교에서 다양한 연구를 하며 많은 교사들을 만나 보았다. 그중에는 방학증후군을 앓는 교사가 꽤 많아서 나를 놀라게 했다. 방학증후군은 학생을 가르치는 게 두려워 개학이 다가오면 가슴 두근거림, 두통, 불면에 시달리는 것을 말한다. 교실에서 자신을 무시하고 투명인간 취급하는 학생들을 보는 교사의 심정은 참담하다.

앞의 문장을 다음과 같이 바꿔보자. — '집에서 자신을 무시하고 투명인간 취급하는 아이를 보는 부모의 심정은 참담하다.'

어떤가? 전혀 어색하지 않다. 부모가 아이와 소통 없이 일방적으로 말하다 보면 결국에 겪게 되는 일이다.

••• 아이의 마음속 응어리를 끄집어내는 것은 부모의 책임

2017년 연세대 사회연구소의 통계에 따르면, 청소년 자살 충동 원인의 1위는 부모와의 갈등이다. 부모와 자녀의 갈등을 해결하기 위해서는 대화가 최

우선이다.

사교육 연령이 점점 앞당겨지면서 아이들의 사춘기도 그만큼 빨라지고 있다. 사교육과 사춘기는 직결되어 있다. 실컷 놀아야 할 나이에 놀지 못하는 아이의 스트레스는 부모와 아이 간 갈등을 일으킨다. 아이가 스트레스를 받는 이유는 마음속에 하고 싶은 말을 쌓아두고 있어서다. 그걸 부모가 풀어줘야 한다. 한바탕 친구와 수다를 떨고 나면 마음이 후련해지듯이, 아이의 마음속 응어리를 대화로 끄집어내 해소해줘야 한다.

유대인들에게는 '사춘기'라는 단어가 없다. 우리가 밥상에서 매일 김치를 먹듯, 그들은 매일 밥상머리에서 대화하는 전통과 문화를 가지고 있다. 부모와 매일 소통하다 보니 아이들은 가슴에 응어리가 져도 금방 풀어진다.

••• 질문은 가장 좋은 소통 방법이다

지난해 파주시에서 특강을 열었을 때의 일이다. 강의가 끝난 후 초등학교 6학년 엄마인 G가 상담을 요청해왔다. 눈빛을 보니 절박해 보였다.

"아이가 유치원 다닐 때만 하더라도 저랑 정말 친했거든요. 말도 잘 통하고. 그런데 이제는 아이와 대화하는 게 너무 어려워요. 대화도 금방 끊기고, 같이 밥 먹으면 식기가 딸그락거리는 소리만 나요. 그게 싫어 밥 먹을 때는 아예 TV를 틀어놔요. 저도 그렇게 자라서 그런지 아이와 무슨 말을 해야 할지 모르겠어요. 요즘 아이의 표정을 보면 세상 다 산 노인네처럼 무표정해요. 잘 웃지도 않고. 그러면 또 저는 잔소리만 하게 되고. 악순환이에요. 어떻게 하면 좋을까요? 저는 정말 아이랑 즐겁게 대화하고 싶거든요."

나는 도로시 리즈가 말한 '대화를 위한 질문의 7가지 원리'를 알려주었다.

질문의 7가지 원리

첫째, 질문을 하면 답이 나온다.

둘째, 질문은 생각을 자극한다.

셋째, 질문을 하면 정보를 얻는다.

넷째, 질문을 하면 통제가 된다.

다섯째, 질문은 마음을 열게 한다.

여섯째, 질문은 귀를 기울이게 한다.

일곱째, 질문에 답하면 스스로 설득이 된다.

해답은 질문에 있다. 질문하는 방법만 알아도 대화를 한결 편하게, 오랫동안 이어나갈 수 있다. 대부분의 부모들이 착각을 한다. 자신은 아이와 대화를 한다고 생각하지만 아이는 일방적인 잔소리로 받아들이는 경우가 많다. 그럴수록 사이는 점점 멀어진다.

그렇다면 대화는 어떻게 해야 할까?

우선 질문으로 대화를 시작해야 한다. 그리고 질문에 대한 아이의 대답이 끝나면 아이의 대답 중에서 궁금한 점을 찾아내 다시 질문하고 대화를 이어나간다. 그게 바로 질문에 질문이 꼬리를 무는 '질문꼬리물기'다.

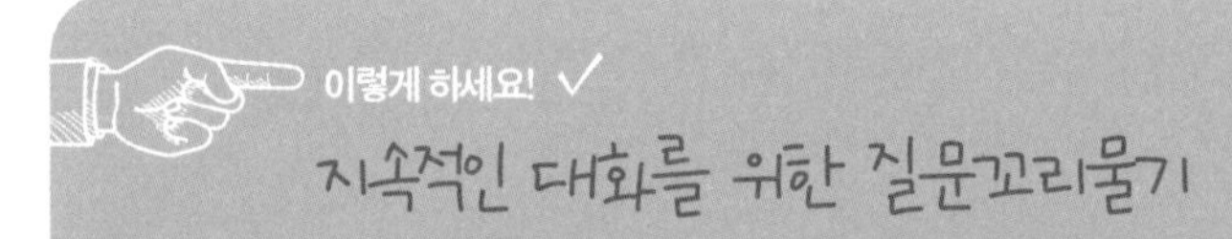

- **아이에게 질문하는 것으로 대화를 시작한다.** 이때 단답형으로 정답을 요구하는 질문보다는 의견과 생각을 이야기할 수 있는 질문이 좋다.
- 아이가 대답하면 그 내용 중에서 궁금한 점을 끄집어내어 적당한 질문을 만들어서 다시 질문한다.
- 이후 **재질문-대답-재질문-대답-재질문**을 반복하며 대화를 이어나간다.
- 아이가 어떤 대답을 하더라도 '너는 그렇게 생각하는구나', '좋은 생각이다'라며 수용하는 브레인스토밍 대화를 한다. 칭찬은 아이의 뇌를 춤추게 하고 기분을 좋게 해서 내성적인 아이도 수다쟁이로 만들어준다.

참 좋은 생각이구나!

계속되는 질문으로 생각의 가지를 확장시켜라

아이가 커감에 따라 부모와 자식 간의 대화는 단절된다. 어쩌다가 대화를 시작하더라도 몇 마디에 그치고 뚝 끊어지기 일쑤다. 재잘재잘 떠들던 어린 아이가 어느새 자라 더 이상 부모에게 시시콜콜한 이야기를 하지 않기 때문이다. 이럴수록 아이의 일상생활, 그리고 마음속 이야기를 들여다보기 위한 부모의 노력이 필요하다. 그 좋은 방법이 바로 질문꼬리물기이다. 질문꼬리물기는 바로 다음과 같이 진행된다.

엄마 왜 책을 읽어야 할까?

아이 많은 지식을 알 수 있고, 간접경험을 할 수 있으니까.

엄마 많은 지식을 알아서 뭐하지?

아이 많은 지식을 알면 똑똑해지니까. 공부도 잘하게 돼.

엄마 너는 공부를 잘하고 싶니?

아이 당연하지.

엄마 왜 공부를 잘하고 싶어?

아이 엄마가 좋아하니까. 그리고 친구들이 부러워하잖아. 나도 기분이 좋고.

엄마 공부를 잘하면 좋은 점이 뭘까?

아이 나중에 내가 가고 싶은 대학교를 선택해서 갈 수 있어. 그러면 직장도 좋은 곳에 가겠지.

엄마 좋은 직장에 가는 게 너의 목표니?

아이 아니, 난 내가 하고 싶은 일 하며 살고 싶어.

엄마 네가 하고 싶은 일은 뭔데?

아이 난 디자이너가 되고 싶어.

엄마 멋진 꿈을 갖고 있구나. 디자이너가 되기 위해서는 어떤 노력이 필요할까?

엄마는 질문을 했고 아이는 대답을 했다. 첫 질문은 책으로 시작되었지만 끝에는 아이의 진로 탐색으로 이어졌다. 질문이 꼬리를 물다 보면 아이의 생각을 자극하면서 다양한 이야기로 흐르게 된다. 평소엔 몰랐던 아이의 생각을 자세히 알게 되면서 서로 소통하게 된다. 어느새 엄마는 질문으로 아이의 생각을 열고 마음의 문을 열었다. 아이의 표정이 밝아졌고 심드렁하던 말에 힘이 붙기 시작했다. 덩달아 엄마도 대화가 단절되지 않고 이어져 마음이 뿌듯하다. 질문꼬리물기의 힘이다.

●●● 케네디 집안과 소크라테스의 질문법

이번에는 케네디가의 자서전에 나오는 질문꼬리물기의 사례를 소개한다. 케네디 가문은 미국 최고의 명문가 중 하나로 대통령, 장관, 상원의원 등 5대째 미국을 이끄는 리더를 배출하고 있다. 케네디 가문을 명문가로 만든 것은 케네디 대통령의 어머니인 로즈 여사이다. 그녀는 9남매와 함께 밥을 먹으며 질문꼬리물기로 아이들의 사고력과 넓은 안목을 키웠다.

로즈 조의 윗옷에 음식이 묻었구나. 에드워드! 옷에 쓰인 글씨를 읽어보렴.

아이 플로리다.

로즈 그렇지. 플로리다에 있는 도시로 스페인식 지명을 가진 곳은 어디일까?

아이 새러소타, 탬파, 마이애미.

로즈 아니야, 마이애미는 인디언식 지명이야. 그곳 말고, 미국에 스페인식 지명을 가진 곳이 없을까?

아이 캘리포니아.

로즈 맞아. 그러면 이번에는 성자들의 이름을 딴 고장들을 생각해보자.

아이 샌디에이고, 산가브리엘, 샌타바버라.

로즈 그러면 로스앤젤레스는 어떠니? 로스앤젤레스의 스펠링을 아니?

아이 Los Angeles.

로즈 뉴잉글랜드에 있는 도시로서 영국식 지명을 가지고 있는 도시로는 어떤 곳들이 있을까?

아이 뉴햄프셔, 뉴런던, 뉴베드퍼드, 액턴 등이 있어요.

우연히 책에서 위와 같은 케네디가의 질문꼬리물기를 발견하고 무척 놀랐다. 내가 집에서 하는 방식과 거의 똑같았기 때문이었다. 이후에 알게 되었지만 소크라테스도 마찬가지였다. 다음의 예를 보자.

소크라테스 자네는 정의가 무엇이라고 생각하는가?

트라시마코스 강자의 이익이 정의입니다.

소크라테스 강자도 물론 사람이겠지?

트라시마코스 예, 그렇지요.

소크라테스 그럼 강자도 실수를 하겠군.

트라시마코스 네.

소크라테스 그럼 강자의 잘못된 행동도 정의로운 건가?

트라시마코스 …….

어떤가? 소크라테스는 아테네 광장에서 사람들에게 자신이 알고 있는 지식을 전달하지 않았다. 단지 지나가는 청년을 붙잡고 질문했을 뿐이다. 청년은 소크라테스의 질문에 대답을 하면서 자신의 잘못을 스스로 깨닫게 되었다. 소크라테스는 자신의 질문법이 지혜를 낳는 역할을 한다고 해서 그것을 '산파술'이라고 불렀다. 이처럼 질문꼬리물기는 지혜를 찾도록 이끌어주는 힘을 지녔다.

실제 사례로 배우기

피자 속 올리브부터 세계의 기후까지

한 달쯤 지났을까? 파주시에 사는 G에게서 메일이 왔다.

"질문꼬리물기로 대화가 조금씩 길어지고 있어요. 요즘은 마치 친구와 수다 떠들 아이와 재미있게 대화를 해요. 무엇보다 아이가 저와 말하는 걸 좋아하고, 표정이 밝아져서 너무 행복해요. 그런데 아직 질문꼬리물기가 어렵습니다. 가끔 어떤 질문을 해야 할지 몰라서 대화가 끊길 때도 있어요. 참고할 만한 질문꼬리물기 사례를 알려 주시면 큰 도움이 되겠습니다."

나는 집에서 아이들과 피자를 먹으며 질문꼬리물기를 했던 동영상을 G에게 보내 주었다. 지금부터 G에게 보내줬던 우리 집의 실제 사례를 글로 옮겨 소개한다. 당시는 딸 지유가 열한 살, 아들 찬유가 아홉 살이던 때이다.

••• 피자 속 올리브에서 시작된 질문꼬리물기

아빠 (식탁에서 피자를 먹으며) 올리브가 많이 자라는 나라는 어디일까?

아이들은 고개를 갸웃거릴 뿐, 선뜻 대답을 하지 못했다.

아빠 힌트를 줄게! 스펠링 S로 시작해.

지유 스위스? 스웨덴?

아빠 스위스와 스웨덴은 날씨가 어떤 곳이지?

지유 조금 추운 나라들 아니야?

아빠 아빠가 알기로는 올리브는 따뜻한 나라에서 잘 자라.

찬유 정답! 사우디아라비아!

엄마 사우디아라비아는 유럽일까?

찬유 아니야!

아빠 올리브가 잘 자라는 나라는 과연 어디일까? (식탁 옆 지도를 보며) 우리나라와 위도가 거의 비슷한 곳이야!

아이들은 피자를 먹다 말고 일어나서 식탁 옆 세계지도를 유심히 살펴보더니, 한국에서 유럽까지 선을 그었다.

지유 나! 찾았다. 스페인!

아이가 대답하거나 아이디어를 내면 즉시 하이파이브를 하며 칭찬해주자.

온 가족이 하이파이브를 했다.

●●● 우리가 먹는 올리브의 색깔이 검은 이유는?

아빠 스페인에서는 올리브가 많이 나니까 올리브기름을 많이 먹어. 이 피자에 있는 것처럼 올리브 열매는 원래 까만색일까?

지유 아니, 초록색이야.

아빠 왜 까맣게 되었을까?

지유 구워서 그런 거 아닐까? 열 때문에.

아빠 (하이파이브) 그렇다면 이것 말고도 과일 중에 원래 초록색이었다가 중간에 색깔이 변하는 것은 뭐가 있을까?

찬유 사과!

지유 토마토!

아빠 사과는 색깔이 어떻게 변하니?

찬유 초록색에서 빨강색으로 변해. 또 있다. 바나나. 바나나는 초록색에서 노란색으로 바뀌어.

아빠 그럼 바나나는 색깔이 몇 번이나 변하니?

찬유 한 번. 아니, 두 번. 초록색에서 노란색으로 그리고 점점 까만색으로 변해.

아빠 과일의 색깔이 변하는 이유는 뭘까?

지유 과일이 익기 때문이야.

아빠 또 어떤 상황에서 색깔이 변할까?

지유 오래돼서 썩을 때.

••• 모르는 단어의 속뜻에 관해 생각해보기

아빠 야! 우리 지유가 많이 아는구나. 익어서 색깔이 변하는 과일을 후숙과일이라고 해. 이때 후숙은 무슨 뜻일까?

찬유 뒷 후(後) 자인가?

지유 숙은 익을 숙(熟) 같아. 뒤에 숙성하는 거 아닐까?

아이들이 모르는 단어는 대부분 한자로 되어 있다. 한자를 모르면 단어의 뜻을 파악하기가 쉽지가 않다. 그래서 나는 아이들에게 단어의 속뜻을 묻는 질문을 많이 한다. 이제 우리 집 아이들은 그 단어를 몰라도 유추해서 해석한다.

같은 이유로 영어단어를 공부할 때 고수들은 영한사전을 보지 않고 영영사전을 본다. 단어의 어원과 속뜻을 알면 장기기억으로 저장되기 때문이다. 단어의 속뜻을 헤아리는 습관이 들면 사물을 깊게 바라보는 눈이 생긴다. 사물의 겉모습이 아니라 그 속에 감춰진 민낯을 보는 눈 말이다.

아빠 그럼, 후숙과일은 무슨 뜻일까?

지유 뒤에 숙성하는 과일.

아빠 후숙과일로는 뭐가 있을까?

지유 바나나, 토마토, 멜론.

찬유 사과!

아빠 그럼 과일 말고 우리가 먹는 것 중에 익히거나 구우면 맛이 달콤해지는 것은 뭐가 있을까? (아이들이 대답하지 못해 힌트를 주었다.) 찬유가 좋아하는 거야.

찬유 마늘!

지유 양파!

●●● 피자에서 시작해 세계의 기후로 이어지는 질문꼬리물기

아빠 (하이파이브) 잘했다. 피자에도 양파가 많이 들어가지. 그렇다면 피자는 어느 나라 음식일까?

찬유 미국?

아빠 힌트 줄게. 스펠링 I로 시작해.

찬유 (다시 지도를 찾아본 후) 이탈리아!

아빠 와우! (하이파이브) 이탈리아는 스펠링이 어떻게 돼?

지유 I–T–A–L–I–A.

아빠　(박수) 야! 우리 지유 대단한데.

지유　(칭찬을 들어서인지 기분이 아주 좋아 보인다.) 그냥 막 생각이 나.

지유가 말한 스펠링은 틀렸다. 이탈리아의 스펠링은 ITALY이다. 그러나 나는 기꺼이 칭찬해 주었다. 지금은 영어 시간이 아니다. 스펠링 하나 틀린 게 뭐가 중요한가? 지유는 모르는 단어를 맞추려 노력했고 최대한 비슷하게 맞추었다. 만약 거기서 틀렸다고 정정해주었다면 다음부터는 자신 있게 스펠링 말하기를 망설일 것이다.

아빠　(지도를 보며) 우리나라와 이탈리아 그리고 스페인을 보면 (손가락으로 선을 그어주며) 같은 위도에 있어. 같은 위도에 있는 나라들의 공통점은 뭘까?

지유　계절이 똑같아.

아빠　(하이파이브) 오케이! 우리나라와 같이 위도 38도선에 있는 나라들은 사계절이 뚜렷해. 그러면 어떤 현상이 일어나지?

찬유　사람들이 많이 살아.

아빠　딩동댕! 그 이유가 뭘까?

찬유　따뜻하고 살기가 좋아서.

아빠　또 다른 이유는?

지유　날씨가 따뜻해서 식물이 잘 자라. 농사가 잘돼.

아빠 38도선 밑에 있는 아프리카는 어때?

지유 햇빛이 강해서 식물이 말라서 타버려.

아빠 그럼, 아프리카에서 더 내려가서 남극은 어때?

지유 거기는 너무 추워서 식물이 다 얼어버려.

아빠 맞아. 그래서 찬유가 말한 것처럼 따뜻한 곳에 사람이 많이 사는 거야. 사람이 살려면 먹을 게 있어야 하니까.

피자 속 올리브에서 시작된 질문꼬리물기는 의도치 않게 세계의 기후까지 이어졌다. 나는 이것이 부모와 아이가 질문꼬리물기로 하는 '밥상머리 인문학'이라고 생각한다.

질문꼬리물기는 지속가능한 대화의 핵심이다. 아이와 지속적으로 대화하는 걸 어렵게 느끼는 부모들도 질문꼬리물기를 하면 이야기를 이어나가기가 쉬워지고 대화의 질이 올라간다.

••• 계속되는 질문으로 아이의 뇌를 자극시켜라

질문꼬리물기는 아이의 뇌를 격렬하게 만든다. 대부분의 부모들이 아이에게 어떠한 사실을 전달하거나 알려주는 수동적인 방식의 대화를 하기 때문에 아이의 뇌는 잠잠하다. 질문꼬리물기는 질문을 받는 아이가 활발하게 생각하도록 만들어 뇌를 신나게 춤추게 한다.

인간은 뇌가 가진 기능의 10%만을 사용한다. 이 수준을 넘기면 특별한 사람이 될 수 있는데, 질문꼬리물기를 하는 것만으로도 10%를 넘길 수 있다. 그 효과는 느리지만 확실하다. 근거는? 1,450만 명의 적은 인구로 매년 아이비리그 대학교 입학생의 30%를 차지하는 유대인들이 강력한 증거다. 그들은 질문꼬리물기 방식으로 매일 저녁 식탁에서 부모와 대화를 한다. 당신도 직접 경험해보시라.

“

세계의 운명은 좋든 싫든

자신의 생각을 타인에게 잘 전달할 수 있는

사람들에 의해 결정된다.

— 로즈 케네디 (존 F. 케네디의 어머니)

4

사교육 없이 아이를
세계적 수재로 키운 노하우

생각의 깊이가 달라지는 비결, 질문 주고받기

아이의 인생을 바꾸는 한마디, "왜?"

질문에서 생각이 나온다. 질문을 깊게 하면 생각도 깊어진다.

때로는 질문 하나가 세상을 바꾸기도 한다. 질문이 발명을 낳아 이것이 사람을, 세상을 이롭게 하는 것이다. 발명은 "왜?"라는 질문에서 비롯되며, 이러한 질문이 인류문명의 진보를 이끌었다. 끊임없이 묻고 그에 대한 답을 찾는 과정에서 인류는 점차 미지의 세계를 알아갔다.

••• 발명 전성기를 이끈 세종대왕의 질문법

인류 역사상 가장 위대한 발명 중 하나는 바로 한글 창제이다. 세종대왕이 한글을 발명하게 된 계기 역시 마음속에 품은 질문이었다. 〈훈민정음〉의 시작 부분을 보자.

나라 말씀이 중국과 달라 한자와 서로 통하지 않으니 어떻게 해결할까?

세종은 질문 대왕이었다. 거의 매일 경연(임금과 신하가 함께 공부하며 국가 정책을 결정하던 자리)을 열었는데 이 자리는 매번 질문으로 시작하고 질문으로 끝을 맺었다. 그뿐만 아니라, 정책 논의 또한 질문으로 시작해 질문으로 끝났다. 이를 보여주는 대표적인 사례를 소개하겠다.

세종은 여자 노비가 임신을 하면 출산 전에 30일 동안 출산 전 휴가를 주고, 출산 이후에는 100일 동안의 휴가를 주는 정책을 시행하였다. 여자 노비를 보살필 사람이 필요하다는 이유로 남편까지 30일의 출산휴가를 주었다. 오늘날 대한민국보다도 더 혁신적이고 파격적인 정책들이다. 그러나 조선은 양반과 노비의 신분 차별이 엄격하던 유교 사회였다. 세종의 혁신적인 정책은 늘 신하와 양반들의 벽에 부딪혔다. '어찌 노비에게 출산휴가를 준단 말인가? 과연 그것이 필요한 것인가?'에 대한 양반들의 반론이 거셌다. 세종은 자신의 정책을 일방적으로 밀어붙이지 않고 질문을 통해 신하들의 허점을 파고들었다.

세종 노비의 출산휴가 제도를 시행하려 하는데 경들의 생각은 어떻습니까?

신하 전하! 노비에게 출산휴가를 주면 일은 누가 합니까?

세종 세 가지 질문을 하겠습니다.

첫째, 노비가 출산한 이후에 바로 일을 시켜서 몸이 약해져 죽는 경우가 많습니다. 출산 휴가만 주면 몸을 회복해 오랫동안 일을 시킬 수 있고, 그로 인해 아이가 건강하게 자라면 노비가 한 명 더 늘어날 텐데 어떤 게 더 나은 생각입니까?

둘째, 산모가 죽으면 아이는 누가 돌봅니까? 아이도 곧 죽을 가능성이 크지 않겠습니까?

셋째, 경들이 임금은 만백성의 어버이라고 했습니다. 어버이 된 자로서, 백성들이 고통 속에 죽어 가는 것을 그냥 지켜보아야 합니까? 아니면 살 수 있는 방법을 찾아서 살려야 합니까?

결국 신하들은 세종의 노비 출산 정책에 찬성했다. 그편이 자신들한테 더 이득이 되었기 때문이다. 세종은 신하들에게 강요하지 않았다. 질문만 했을 뿐이다. 질문으로 신하들이 스스로 무지를 깨닫고, 자신을 따르도록 유도했다.

세종이 조선을 통치하던 15세기, 전 세계적으로 위대한 발명이 80개가 나왔다. 그 가운데 중국이 5개, 일본이 5개를 발명했는데, 조선은 무려 34개를 발명했다. 당시 조선은 세계 최고의 발명국가였다. 오늘날 발명의 날은 1442년 세종대왕이 측우기를 반포한 날인 5월 19일을 기념하여 정한 것이다. 세종의 통치 기간 동안에 세계적인 발명품과 한글이 나올 수 있었던 것은 세종의 '왜?', '어떻게?'라는 질문 덕분이었다.

●●● 사교육 없이 명문대에 진학한 비결

오늘날 세계의 부와 권력을 거머쥔 유대인들은 세종처럼 질문을 매우 중요하게 생각한다. KBS1의 〈호모아카데미쿠스(공부하는 인간)〉 프로그램에서 미혼모의 아이로 태어나 생후 5개월에 미국 유대인 부모에게 입양된 릴리(한국명 임태순)와 그녀의 아버지를 인터뷰한 적이 있다.

릴리 어려서부터 늘 호기심을 가지고 질문하도록 교육받으며 자랐습니다. 단순히 정보를 받아 외우는 것이 아니라 왜, 어떻게 발전할 수 있는지 가르침을 받았죠. 질문은 저의 성장과정에서 가장 중요한 교육철학이었습니다.

아버지 너도 기억하겠지만 우리는 늘 저녁 식사를 함께했어. 저녁 식사를 하면서 질문과 대답을 이어나갔지.

릴리 어렸을 때 했던 '왜요?' 게임이 기억나네요. 제가 끝없이 질문을 던지고 아버지가 대답해주시던 놀이였죠. '하늘은 왜 푸를까?' 등 별의별 질문을 다했었죠.

아버지 맞아. 계속 '왜?'라는 질문으로 탐구를 했지. 그 질문의 답이 정해져 있더라도 더 나아가서 왜라고 생각해보는 거야. 세상의 모든 것은 계속 변하니까.

릴리는 사교육 없이 최고의 명문대학교인 하버드대를 졸업하고 지금은 구글에 다니고 있다. 그녀는 자신이 하버드대학에 입학한 성공비결을 부모님과 함께한 질문식 교육으로 꼽았다.

질문의 중요성을 경험한 나는 아이들과 질문 게임을 자주 한다. 내가 하는 질문 게임에는 여러 방법이 있다. 그중에 내가 키워드를 제시하고 아이와 질문을 계속 주고받는 게임을 즐겨한다. 질문을 어려워하는 한국 아이들에게 질문습관을 들이는 데 아주 효과가 좋은 방법이다. 질문식 대화를 처음 시작하는 부모들에게도 유용한 방법이다. 밥을 먹거나 이동하는 중 차 안에서 즐겁게 할 수 있다.

간편하게 하는 질문 주고받기 게임 방법

- **부모 또는 아이가 키워드를 제시한다.** 키워드로는 가족, 사랑, 친구, 웃음, 말, 운동, 배려, 공부 등 중요하면서 자주 쓰이는 단어가 좋다.
- **부모와 아이가 번갈아 가며 질문을 계속 주고받는다.** 이때 부모는 아이가 질문을 말하면 칭찬해주고 계속 질문을 유도한다.
- 더 이상 질문이 없으면 질문에 대한 답을 서로 나누고 다른 키워드로 계속한다.

실제 사례로 배우기

단지 질문만으로도 생각의 그릇이 커진다

얼마 전 부모님 댁을 방문하러 가던 중 자동차 안에서 질문 게임을 했다. 키워드로는 '미국'을 제시하고 질문 주고받기 게임을 시작했다. 왜 하필 미국이었을까? 당시는 6·12 북미 정상회담 직전으로 뉴스에서 한창 미국 이야기가 나올 때였기에, 도대체 미국은 어떤 나라인지 알아보자는 의도에서였다.

아빠 미국에 대한 질문 주고받기 게임을 해보자.

찬유 미국은 왜 땅이 클까?

아빠 미국에는 왜 비만인 사람이 많을까?

찬유 미국은 왜 핵을 갖고 있는가?

아빠 미국은 왜 빈부격차가 큰가?

찬유 미국은 왜 투명망토를 만들고 있을까?

아빠 미국은 왜 오바마를 대통령으로 뽑았는가?

찬유 미국은 왜 무기가 많을까?

아빠 왜 트럼프를 대통령으로 뽑았는가?

찬유 미국은 왜 돈이 많을까?

아빠 왜 우주개발을 할까?

찬유 미국은 왜 이름이 미국일까?

아빠 미국의 나쁜 점은 무엇일까?

찬유 미국은 언제부터 힘이 세졌을까?

아빠 미국은 왜 6·25 전쟁 때 우리나라를 도와줬을까?

찬유 미국은 왜 전쟁을 잘하는가?

아빠 우리는 미국과 중국 중에 어느 나라와 친하게 지내야 하는가?

찬유 미국은 왜 영화를 잘 만드는가?

아빠 미국과 친한 나라들은 어디며 공통점은 무엇일까?

찬유 미국은 왜 끈질기게 싸우지 않는가?

나는 찬유의 마지막 질문이 무슨 뜻인지 궁금해서 "그건 무슨 말이야?"라고 물었다. 찬유는 "미국이 베트남과 전쟁을 하면서 한방에 이기려고 했는데 베트남이 끈질기게 계속 싸워서 미국이 졌어. 미국이 계속 싸웠다면 이길 수도 있었을 텐데 왜 그랬는지 궁금해"라고 말했다. 찬유는 베트남의 전쟁영웅 호치민에 관한 위인전을 읽고 그 질문을 떠올렸다고 한다.

찬유 미국은 어떻게 핵을 개발했는가?

아빠 한국 사람이 미국으로 이민을 가는 이유는 뭘까?

찬유 미국은 좋은 사회인가?

아빠 미국의 강점은 무엇인가?

찬유 미국은 왜 우리나라와 친한가?

아빠 왜 일본은 미국을 따르는가?

찬유 미국은 왜 일본과 사이가 멀어졌는가?(6·12 정상회담 전에 미국이 일본을 의도적으로 배제하고 있는 상황을 뉴스에서 듣고 질문한 것이다.)

아빠 트럼프가 6·12 정상회담을 추진하는 이유는 뭘까?

찬유 미국은 왜 중국과 친하지 않은가?

아빠 트럼프는 대통령을 한 번 더 할 수 있을까?

••• 질문이 끊겼을 때, 대화를 이어나가는 3가지 방법

여기서 질문이 끊겼다. 찬유에게 질문의 한계가 온 것이다. 이럴 때는 어떻게 해야 할까? 세 가지 방법을 제안한다. 첫째, 질문에 대한 팁을 주고 계속 질문을 유도하는 것이다. 둘째, 미국에서 다른 키워드로 넘어가는 것이다. 셋째, 그동안 나온 질문에 대한 답을 함께 찾으며 대화를 나눈다. 나는 첫 번째 방법을 선택하고 이렇게 말했다.

"이제 미국의 미래에 대해 질문해볼까?"

찬유 미국의 미래는 어떻게 될까?

아빠 한국은 앞으로 미국과 어떻게 지내야 할까?

찬유 미국은 미래에 망할까?

아빠 중국이 미국을 추월할까?

찬유 미국이 더 큰 나라가 될까?

아빠 북한과 미국은 어떤 사이가 될까?

찬유 미국도 핵을 포기할까?

아빠 미국은 한국 통일에 찬성을 할까?

여기서 또 질문이 끊겼다. 이번에는 "미국의 대학에 대해서 이야기해볼까?"라고 말했다.

질문이 끊겼을 때 다시 이어나가는 방법 중 하나는 부모가 새로운 질문에 대한 팁을 제시하는 것이다.

아빠 미국에는 왜 좋은 대학이 많을까?

찬유 미국의 대학이 인기가 많은 이유는?

아빠 한국 대학과 미국 대학이 다른 점은 무엇일까?

찬유 미국의 대학은 잘 가르치는가?

아빠 미국 대학에 가면 취직이 잘 될까?

찬유 사람들은 왜 하버드대학을 좋다고 하는가?

아빠 미국 대학의 단점은 무엇일까?

찬유 왜 한국 사람이 하버드대학에 가면 유명해질까?

찬유와 나는 미국에 관해 46개의 질문을 던졌다. 그중 찬유가 절반인 23개를 말했다. 우리의 대화에는 답이 없었다. 불과 19분의 대화였으나, 내가 40년을 넘게 살아오면서 미국에 대해 이만큼 깊게 생각을 해본 적이 있었던가? 두뇌를 임팩트 있게 사용하는 데 이보다 더 좋은 방법이 있을까? 질문 주고받기 게임은 짧은 시간에 한 가지 주제를 깊고 넓게 탐구하기 좋은 방법이다. 찬유와 내가 몇 가지 질문에 대한 답을 이야기하는 데 그쳤다면 이처럼 다양한 측면에서 미국을 생각해보지는 않았을 것이다.

질문을 만들기 위해서는 문제의 본질이 무엇인지 한 번 더 깊게 생각하고 마음속으로 그 대상을 그려보아야 한다. 질문 주고받기는 아이의 생각하는 힘과 그릇을 키워준다. 넓고 깊게 생각하는 아이로 키우려면 질문 주고받기 게임을 자주 하자.

그러면 질문에 대한 답은 언제 나누면 좋을까? 나는 질문 주고받기 게임을 할 때 스마트폰으로 녹음을 한다. 게임이 끝나면 질문을 다시 들으며 답에 대한 이야기를 나눈다. 시간이 없다면 다음에 하면 될 일이다. 분명한 점은 답 없이 질문 주고받기 게임만으로도 아이의 사고력이 충분히 향상된다는 것이다. 모든 생각은 질문에서 시작되니까.

●●● 자동차와 관련된 질문 주고받기

우리의 질문 주고받기 게임은 지속되었다. 부모님 댁에 도착하려면 아직 시간이 많이 남았다. 이번에는 찬유가 키워드를 제시하도록 기회를 주었다.

찬유 자동차로 할래. 내가 먼저 할게. 자동차에는 왜 트렁크가 있을까?

아빠 사람은 왜 자동차를 타고 다닐까?

찬유 자동차에는 왜 열쇠가 있을까?

아빠 사람은 왜 자동차를 만들었을까?

찬유 자동차는 왜 인기가 많을까?

아빠 어린아이는 왜 자동차를 몰지 못하게 할까?

찬유 자동차에는 왜 기름을 넣어야 할까?

아빠 자동차 바퀴는 왜 둥글까?

찬유 자동차 바퀴는 언제 터질까?

아빠 자동차의 단점?

찬유 자동차의 장점?

아빠 자동차에는 왜 번호판이 있을까?

찬유 자동차에는 왜 (블랙박스) 카메라가 있을까?

아빠 자동차를 몰려면 왜 운전면허증이 있어야 할까?

찬유 자동차에 왜 내비게이션이 필요할까?

새로운 키워드로 넘어가는 것도 질문 게임을 계속하기 위한 방법이다.

아빠 자동차가 없다면 어떤 일이 벌어질까?

찬유 만약에 자동차가 폭발하면 어떻게 될까?

아빠 우리 가족은 언제쯤 무인 자동차를 타게 될까?

찬유 우리 가족은 자동차를 좋아하나?

아빠 드론 자동차가 나올까?

찬유 자동차보다 더 좋은 게 나올까?

아빠 대통령들은 왜 방탄차를 탈까?

찬유 날아다니는 자동차가 생기면 어디로 가볼까?

아빠 왜 어떤 나라에는 자동차가 많고, 어떤 나라에는 오토바이와 자전거가 많을까?

찬유 자동차 고치는 방법을 몰라도 수리할 수 있을까?

아빠 자동차의 미래는 어떻게 될까?

찬유 자동차는 언젠가 없어질까?

아빠 우리나라가 자동차 강국이 된 이유는?

찬유 우리는 좋은 (수소자동차) 자동차를 만들었는데 왜 충전소가 없을까?

얼마 전, 온 가족이 함께 TV를 보다가 세계 자동차 시장의 변화와 국내 자동차가 경쟁력을 잃고 있는 이유를 조명하는 프로그램을 시청했다. 그날 방송 중 현대자동차가 세계에서 가장 먼저 수소자동차를 만들고서도 충전소가 없어서 기술 발전이 늦어지고 있다는 내용이 있었다. 찬유는 그것을 떠올리고 질문을 던졌던 것이다.

아빠 수소자동차를 만든 이유는?

찬유 충전소가 없으면 수소자동차는 어떻게 될까?

아빠 수소자동차 충전소가 앞으로 많이 생길까?

찬유 자동차의 능력은 뭘까?

아빠 도로에 왜 속도제한이 있을까?

찬유 자동차에는 어떤 종류가 있나?

아빠 사람들은 왜 버스를 만들었을까?

찬유 왜 자동차 안에 있으면 답답할까?

이때, 찬유가 말했다.

"아빠! 이제 다른 주제로 하자. 이번에는 아빠가 정해봐!"

••• 질문 주고받기 자체로 일상 속 철학이 가능해진다

아빠 그럼, 시간으로 해볼까?

찬유 시간은 왜 빨리 가나?

아빠 시간이 늦게 갈 때는 언제인가?

찬유 왜 시간은 정해져 있나?

아빠 사람들은 왜 시간을 궁금해하나?

찬유 왜 시간을 잘 이용하라고 할까?

아빠 원시인들도 시간 개념이 있었을까?

찬유 시간이란 무엇일까?

아빠 왜 시간을 아껴 써야 하나?

찬유 시간은 돌고 도나?

아빠 시간이 가면 사람은 다 늙을까?

찬유 시간은 옛날부터 이어졌을까?

아빠 왜 시계를 만들었을까?

찬유 시간을 왜 정해놓았는가?

아빠 미국과 한국의 시간은 다를까?

찬유 구름도 시간에 따라서 움직일까?

아빠 우주에도 시간이 있을까?

찬유 블랙홀에 들어가면 시간이 있을까?

아빠 왜 시간약속을 잘 지켜야 할까?

찬유 시간은 왜 흘러가는가?

아빠 시간은 과연 흘러갈까?

찬유 시간은 왜 시간일까?

아빠 시간이 없다면 어떻게 될까?

찬유 시간이 중요할까?

아빠 시간이 멈춘다면 어떻게 될까?

찬유 지구가 멸망해도 시간이 있을까?

아빠 시간을 되돌릴 수 있다면 다시 해보고 싶은 일은?

찬유 시간은 왜 있는 걸까?

아빠 시간은 인간이 만들었을까?

찬유 지구가 생기기 전에도 시간이 있었을까?

아빠 시간의 끝이 있을까?

찬유 시간은 과학적인가?

아빠 시간을 잘 활용하려면 어떻게 살아야 할까?

찬유 시간은 언제까지 흘러갈까?

아빠 시간은 금일까? 왜 어떤 사람은 시간이 많다고 생각하고, 어떤 사람은 적다고 생각할까?

찬유 시간을 새롭게 발명한다면 어떤 기분일까?

아빠 시간이 없다고 생각한 때는 언제인가?

찬유 아빠는 시간이 좋은가?

아빠 찬유는 시간이 좋은가?

찬유 시간은 언제 멈출까?

아빠 시간이 중요한가? 돈이 중요한가?

찬유 시간은 움직이나?

아빠 시간을 돈으로 살 수 있을까?

찬유 시간이 흘러야 계절이 바뀔까?

아빠 시간을 되돌릴 수 있다면 다시 해보고 싶은 일은?

찬유와 내가 나눈 시간에 대한 질문을 가만히 들여다보면 사람 사는 세상의 원리에 관한 질문임을 알 수 있다. 철학자만 철학을 논하고, 인문학자만 인문학을 논하는가? 아니다. 간단한 질문 주고받기 게임으로 언제 어디서든 철학과 인문학을 논할 수 있다.

나는 아이들과 질문 주고받기 게임을 하면 꼭 녹음을 한다. 다음 날 저녁 식탁에서 대화로 함께 답을 찾거나, 휴일 식탁에서 가족들이 대화를 나누는 소재로 안성맞춤이기 때문이다.

••• 질문의 답은 주는 것이 아니라, 함께 찾는 것

질문 주고받기 게임에서 나온 질문들에 대한 답은 부모가 찾아 주는 것이 아니다. 아이들이 스스로 찾도록 도와주고, 아이들이 답을 찾지 못하면 함께 찾으면 된다.

여기서 중요한 점은 질문은 하나지만 답은 항상 여러 개가 될 수 있다는 것이다. 질문에 대한 아이의 엉뚱한 대답도 다른 측면에서 보면 하나의 답이 된다는 것을 알려주고 지속적으로 생각하고 상상하도록 힘을 실어주자. 정답이 아니라고 말도 안 되는 소리라고 아이에게 말하는 순간 아이의 입과 뇌는 멈춘다. 기발한 생각과 대단한 발견도 처음에는 엉뚱한 생각에서 시작되었다. 에디슨, 아인슈타인 등의 천재들도 어린 시절에는 그 엉뚱한 생각과 행동 때문에 저능아 취급을 받았음을 잊지 말자.

참! 이 글을 보면서 독자들은 궁금했을 것이다. 엄마와 지유는 어디 갔을까 하고. 찬유와 내가 신나게 질문을 뽑아내는 사이 두 사람은 잠을 자고 있었다. 질문만큼 잠도 중요하니까.

실제 사례로 배우기

세상에 대한 이해가 넓어지는 생각 모험

질문 주고받기 게임의 묘미는 이야기가 어디로 확장될지 모른다는 것이다. 키워드와 그에 관한 연상작용의 결과, 그야말로 브레인스토밍식 대화가 이루어진다. 그 과정에서 아이들의 생각은 넓어지고, 세상에 대한 이해가 깊어진다. 우리 집의 질문 주고받기 게임을 활용한 대화 사례를 계속해서 소개한다. 앞서 소개한 차 안에서의 대화가 있은 지 일주일 후, 이번에는 저녁 밥상에서 질문 주고받기 게임을 제안했다.

아빠 지난 일요일에 차 안에서 질문 주고받기 게임을 했잖아. 그때 나온 질문들을 가지고 대화하면서 밥 먹자. 그때 질문 주제가 뭐였지?

찬유 자동차, 미국……. 시간!

지유 난 그때 피곤해서 잤어.

아빠 세 가지 중에 무엇으로 대화를 나눠볼까?

지유 시간! 시간으로 하자.

아빠 오케이! 그럼 밥 먹으면서 편하게 대화하자. 아빠가 그때 녹음을 했거든. 시간에 대한 질문을 다시 들려줄게. (아이들과 같이 녹음된 질문을 들었다.) 찬유가 했던 질문으로 시작해보자. 시간은 왜 빨리 갈까?

••• 시간에 관한 질문 이어가기

찬유 놀 때는 재미있으니까 시간을 잊어버리잖아. 그래서 시간이 빨리 가.

지유 난 시험 볼 때 빨리 가더라.

찬유 나도 그래. 나는 수학 단원평가를 40분 동안 보는데 시간이 없어서 문제를 거의 못 풀었어. 그때 7개나 틀렸어. 그게 다 시간이 부족해서 그랬어.

아빠 그럼 시간이 늦게 갈 때는 언제야?

지유 지루할 때 늦게 가.

아빠 지유는 언제 지루함을 느껴?

지유 학교에서 발야구할 때 지루해. 특히 수비할 때. 남자애들이 뻥뻥 차면 수비할 때 피하게 돼. 그때는 발야구가 빨리 끝났으면 좋겠는데 시간이 늦게 가.

아빠 찬유는?

찬유 학교에서 공부할 때 시간이 빨리 안 가.

지유 나도 학교에서 공부할 때는 시간이 늦게 가는데, 집에서 공부할 때는 시간이 빨리 가.

아빠 그 차이가 뭘까? (아이들이 대답하지 못함) 학교에서는 선생님께 강의를 들으니까 수동적일 수밖에 없지만, 집에서 혼자 공부할 때는 집중해서 하니까 그런 거 아닐까?

지유 맞아. 아빠 말이 맞는 거 같아.

아빠 시간은 왜 정해져 있을까?

찬유 시간이 없으면 규칙을 어기고, 막 밤에 활동하면서 자지도 않고 그럴 수 있으니까.

지유 시험 때 공정하기 위해서. 또 약속을 지키기 위해서. 어디서 만나자고 했는데 시간이 없으면 만날 수가 없잖아. 어떤 사람은 9시에 나오고 어떤 사람은 12시에 나오면 못 만나니까.

아빠 시간이 없을 때는 어떻게 약속을 정했을까?

지유 "대충 해가 떴을 때 만나자." 이렇게 했을 것 같아.

아빠 또 뭐가 있을까? (아이들이 대답하지 못함) 원시시대에 수렵채집 생활을 할 때도 시간이 필요했을까?

찬유 물고기가 언제 나오고 언제 들어가는지 알아야지 잡을 수 있으니까. 물고기를 잡으러 갈 때 물고기가 많이 나오는 시간에 만나자고 약속하고 가야지 다 같이 많이 잡을 수 있잖아.

지유 예전에 부족마다 따로 살았잖아. 만약에 부족들이 모여서 엄청 큰 사자를 잡기로 했어. 다 같이 모여서 사자를 포위하기로 했는데 어떤 부족은 낮에 나오고 어떤 부족은 밤에 나오면 사냥을 못 하잖아. 그래서 시간이 필요했을 거야.

아빠 (하이파이브) 지유가 아주 논리적으로 잘 설명했네. 그럼 농사를 짓던 농경사회 때는 어땠을까?

지유 농사를 지으려면 사람이 많이 필요하잖아. 논에 물을 채워야 되니까 언제 몇 시에 만나자고 약속하려면 시간을 정해야지.

아빠 아빠 생각에는 권력자가 시간을 정하지 않았을까 싶어. 부족끼리 전쟁을 하는데 몇 시에 공격할 건지 정하지 않으면 우왕좌왕하다가 적한테 들키잖아. 그리고 피라미드처럼 큰 공사를 할 때도 몇 시까지 출근하고 퇴근할 건지 정해야 하잖아. 권력자가 사람들을 통제하려면 시간이 꼭 필요했을 거야.

찬유 시간이 없다면 전쟁을 하는데 혼자서 달려나가다가 "왜 아무도 없지?"라며 어리둥절할 수도 있어. (웃음)

아빠 사람들은 왜 시간을 궁금해할까?

지유 내가 친구들과 놀 때 시간을 물어보는 건, 엄마 아빠가 오라고 한 시간을 지키기 위해서야. 왜냐면 집에 가서 저녁도 먹어야 하고, 샤워도 해야 하니까.

••• 시간을 중시해야 하는 이유는?

아빠 사람들은 왜 시간을 잘 이용하라고 할까?

지유 시간은 한번 지나가면 다시 되돌릴 수 없으니까.

찬유 그런데 미래에는 되돌릴 수도 있어. 타임스톤(영화 〈어벤져스〉에 나오는 시간을 조절하는 마법 도구)이 생길 수도 있으니까. 타임스톤이 엄청 과학적으로 만들어졌어. 타임스톤으로 티라노 공룡이 사는 과거로도 갈 수 있을걸.

지유 시간은 하루에 24시간밖에 없어. 시간은 딱 정해져 있으니까 잘 이용해야 돼.

아빠 그래. 지유가 잘 이야기했다. 누구나 시간이 흐르면 늙고 병들어서 죽잖아. 시간을 잘 이용하지 않으면 인생이 어떨까?

지유 허무해. 라정우(소설 〈꽃할배 정우씨〉의 실제 주인공, 컴맹 노인들에게 컴퓨터를 가르치고 함께 영상콘텐츠를 파는 사회적기업을 설립했다.)처럼 살아야 해. 라정우 할아버지는 이미 알차게 살고 있었는데, 다른 노인들을 알차게 살도록 도와줘서 자신의 인생이 더 알차졌어.

아빠 아빠는 시간을 알차게 사용하고 있는 것 같니?

지유 응, 차에서도 토론하고. (웃음)

찬유 차에서 하면 힘들 때도 있는데 아빠 때문에 참고 해주는 거야. (웃음)

아빠 우리 아들 효자네, 고마워. 지유도 고맙고. (하이파이브) 지유는 스스로 시간을 잘 활용하고 있다고 생각하니?

지유 응, 차에서 토론도 하고 잠도 자니까. 잠을 자면 키가 쑥쑥 커. 그리고 학교 갔다 오면 발레하고 피아노도 배우고 있어.

●●● 시간의 의미에 관해 생각해보기

아빠 시간이란 무엇일까?

찬유 과학적인 질문이네.

아빠 과학적이기도 하고 철학적이기도 한 질문이야. 시간은 무엇이라고 생각해? (아이들이 대답하지 못함) 그럼 이렇게 해볼까? '시간은 ( ) 이다.'

찬유 시간은 흐름이다. 시간은 흘러가니까.

지유 시간은 아빠이다. 아빠는 시간을 잘 쓰니까.

아빠 시간은 지유다. 여기엔 여러 가지 의미가 있어. 2007년에 지유가 태어났잖아. 이후에 엄마와 아빠의 삶의 시간이 완전히 바뀌었어. 지유가 태어나서 지유를 사랑하게 되었고, 보살피고 함께 놀아주고 하면서. 지유가 태어난 하나의 사건이 아빠가 보내는 시간을 완전히 바꿔버린 거지. 시간을 쏟는 대상이 바뀌었어. 그전에는 엄마하고 둘이서 영화도 보고 데이트도 하면서 시간을 보냈거든.

지유 난 지금 엄마한테 시간을 쏟고 있어. 엄마를 아주 사랑하니까.

아빠 시간을 누군가한테 쓴다는 건 어떤 의미야?

찬유 사랑!

지유 사랑!

아빠 그렇지. 누군가한테 시간을 쓴다는 건 그만큼 그 사람이 나한테 중요하다는 거야. 그러면 그 사람이 어떤 사람인지 궁금하면 무엇을 보면 될까?

지유 시간!

아빠 (하이파이브) 맞아. 그 사람이 평소에 무엇을 하며 시간을 보내는지 보면 자세히 알 수 있지. 또 그 사람이 시간을 어디에 쓰는지를 관찰하면 그 사람이 무엇을 중요하게 생각하는지 알 수 있어.

••• 시간이 돌고 돈다는 말의 의미는?

아빠 자, 그렇다면 시간은 돌고 도는 걸까?

지유 하루가 지나면 또 하루가 오니까 돌고 돌아.

아빠 그럼 반대로 생각해보면?

지유 시간은 지나가면 다시 오지 않아. 어제 기준으로 생각하면 시간은 이미 지나갔어. 다시 오지 않아.

아빠 그럼 시간이 돌고 돈다는 것은 어떤 의미일까?

지유 어제는 다시 오지 않지만 내일이 온다는 뜻이야.

아빠 그렇지. 우리가 살아 있는 한 계속 내일이 오지. 죽은 사람한테는 시간이 오나?

찬유 천국에 가면 또 다른 시간이 와. 하늘 천(天)이니까 하늘나라에 가면 새로운 시간이 올 거야.

지유 감옥에 있는 사람은 지옥으로 가. 지옥의 시간은 힘들 거야.

아빠 그럼. 억울하게 누명을 쓰고 감옥에 간 사람은 어떻게 되는 거니?

지유 그런 사람은 천국으로 가야지. 영화 〈7번방의 선물〉에 나오는 아저씨처럼.

••• 시간의 흐름과 늙는다는 것의 상관관계

아빠 시간이 가면 사람들은 모두 늙을까?

지유 얼굴과 몸이 늙어.

아빠 늙지 않는 곳도 있을까?

지유 마음! 마음은 늙지 않아.

아빠 (하이파이브) 왜 마음은 늙지 않지?

지유 늙는 사람도 있어. 희망이 있는 사람만 늙지 않는 거야.

아빠 맞아. 젊은 사람이지만 희망이 없는 사람은 마음이 아주 늙은 사람이야.

찬유 노숙자가 그래.

아빠 그러면 노숙자였다가 다시 희망을 품고 일하는 사람은?

찬유 다시 마음이 젊어져.

아빠 그래. 마음속에 희망을 늘 품고 있어야 정말 젊은 사람이야. 늙은 노인이지만 새로운 무언가에 계속 도전하는 사람은 청년의 마음을 가지고 있는 거야. 그런 사람이 실제로 보면 활력이 있어 보이고 원래 나이보다 더 젊어 보여.

••• 우주에도 시간이 존재할까?

아빠 다음 질문! 우주에도 시간이 있을까?

찬유 우주에는 태양이 있고 다른 행성이 돌잖아. 똑같이 시간이 있을 것 같아.

아빠 목성은 우리와 시간이 똑같을까?

지유 시간은 똑같이 있어. 그런데 지난번에 〈인터스텔라〉 영화를 보니 어떤 별에서의 1시간은 지구에서의 10년이라고 했어. 시간은 있지만 다르대. 그게 진짜야, 아빠?

아빠 지유가 그 영화를 기억하고 있었구나. 충분히 가능할 것 같아. 중력의 차이 때문에 별들 간 시간의 흐름이 다를 수 있다고 생각해. 우주가 엄청 크잖아. 지금 우리가 있는 태양을 중심으로 모여 있는 별들을 은하계라고 하는데, 우주에는 수많은 은하계가 있어.

찬유 거기에 또 다른 지구도 있어?

아빠 있을 수도 있지. 아직 발견되지는 않았지만 충분히 가능성이 있어.

●●● 시간약속을 지켜야 하는 이유

아빠 왜 시간약속을 잘 지켜야 하지?

찬유 약속을 안 지키면 화가 나.

지유 그 친구와 사이가 나빠져.

아빠 만약 10시에 수술을 하기로 했는데, 의사가 자동차 사고로 병원에 못 오게 됐어. 그럼 환자는 어떻게 되지?

지유 위험해질 수 있어. 그런데 그런 상황이면 다른 의사가 수술할 수도 있어.

아빠 그래, 그럴 수도 있지만 다른 의사도 그 시간에 수술을 하고 있다면 환자는 위험에 빠지겠지. 이렇게 시간약속은 때로는 사람의 목숨과도 연관될 수 있어. 이렇게도 생각해보자. 어떤 청년이 구글에 취직하려고 시험을 봤는데 1차 시험합격을 했어. 면접시험이 10시인데 늦잠을 자서 못 간 거야. 그런 사람을 구글에서 뽑겠니?

찬유　아니.

아빠　약속을 했는데도 시간이 덜 중요할 때가 있을까?

지유　아침에 일찍 일어나기로 했는데 늦게 일어났을 때.

아빠　지유가 적절한 사례를 들었네. 그리고 치킨집에 배달을 시켰는데 30분 뒤에 온다고 했는데 40분 만에 왔어. 이럴 때는 어때?

찬유　뭐……, 그 정도는 괜찮지.

아빠　똑같은 시간이지만 상황에 따라 아주 중요한 시간이 있고, 덜 중요한 시간이 있지. 그 둘을 가르는 것은 무엇일까?

지유, 찬유　상황!

●●● 시간이 멈춘다면 어떤 일이 일어날까?

아빠　만약 시간이 멈춘다면 어떨까? 지유는 12살, 찬유는 10살에서 멈춘다면?

지유　난 그건 싫어. 나는 중학생도 되어보고 싶어.

찬유　많은 경험을 해보고 싶어. 술도 마셔보고 싶고(웃음), 보드도 타보고 싶어.

지유 아이폰도 써보고 싶어. 그리고 더 크면 회사에도 취직할 거야. 영화 틀어주고, 영화관에서 사람들 안내하고. 영화관에서 팝콘 알바도 해보고 싶어.

찬유 하버드대학도 가보고 싶어.

지유 난 대학교는 안 가고 싶어. 공부하기가 싫어.

아빠 지유가 하고 싶은 일이 있으면 안 가도 되지. 대학교는 나중에 가도 돼. 여러 경험을 해보고 진짜 공부하고 싶은 게 있으면 그때 가는 거지.

••• 시간의 끝, 그리고 삶과 죽음에 관한 여러 가지 생각

아빠 시간에 끝이 있을까?

지유 아니! 지구가 멸망해도 시간은 있어.

아빠 사람한테는 시간의 끝이 있을까?

지유 죽으면 시간이 끝나. 하지만 천국에 가면 다시 시간이 시작될 수도 있어.

찬유 그런데 천국이 없을 수도 있어.

아빠 그럴 수도 있지. 아직 죽어 보지 않았기 때문에 알 수는 없어. 간혹 죽었다가 다시 살아난 사람들이 있는데 죽었을 때 요단강을 봤다

고 하는 사람들이 있어.

찬유 요단강이 뭐야?

아빠 죽으면 건너가는 강이야. 요단강은 사람들이 지어낸 이야기일 수도 있고 실제로 존재할 수도 있어. 우리가 전에 본 〈신과 함께〉라는 영화 기억나니? 영화에서 죽은 사람들이 강을 건너가잖아. 바로 그 강이야. 그 강을 건너면 새로운 시간이 시작되지. 영화를 보면 여기저기 다니면서 살아 있을 때 죄지은 것에 대한 재판을 받고 천국에 갈지 지옥에 갈지 결정되잖아. 어떻게 살았는지가 죽은 다음의 시간을 결정하니까 어려운 사람을 도우면서 착하게 살아야 하는 것 같아.

찬유 시간의 끝은 없는 것 같아.

지유 맞아. 환생할 수도 있고. 도깨비처럼.

아빠 지난번에 뉴스에서 봤는데 중국에 어떤 할머니가 자기는 세 번째 환생하는 거라고 하면서 전생에 살았던 마을과 이름을 기억하고 있었어. 그래서 전생의 마을에 갔더니 실제로 그런 마을이 있고 그 이름을 기억하고 있는 사람들이 있었어.

지유 나도 환생하고 싶다. 그런데 그건 조작일 수도 있어.

아빠 맞아. 진짜일 수도 있고, 조작일 수도 있어. 요즘은 가짜 뉴스가 너무 많아서 늘 의심해봐야 하지.

찬유 나도 죽으면 다시 태어나고 싶어. 어벤져스처럼 초능력이 있는 사람으로.

아빠 아빠는 다시 태어나면 대통령이 돼보고 싶어. 어려운 사람들 많이 도와주는 대통령.

찬유 아빠, 지금도 될 수 있어. 포기하지 마!

찬유의 말에 아이들과 한바탕 웃었다.

••• 시간과 돈, 어느 것이 중요할까?

아빠 시간이 중요하니? 돈이 중요하니?

지유, 찬유 시간!

찬유 돈은 없어지지만 시간은 그대로 있어.

지유 시간이 없으면 돈이 아무리 많아도 쓸 수가 없어.

아빠 돈은 공평하지 않지만 시간은 공평해. 부자든 거지든 시간은 똑같이 주어지니까. 시간이 중요하다고 생각하는 다른 이유는?

지유 돈은 다시 벌면 되지만 시간은 한번 가면 다시 오지 않아서 시간이 더 중요해.

아빠 맞아. 시간이 흐르면 사람은 누구나 늙고 죽으니까 지금 이 시간이 정말 중요한 것 같아. 이런 말이 있어. '카르페 디엠.' 지금 살고 있는 이 순간에 충실하라는 뜻이야.

찬유 카르페 디엠!

••• 카르페 디엠! 현실에 충실해야 하는 이유

아빠 시간은 금일까?

지유 시간이 금은 아니지. 하지만 금이라고 생각하면 금이야.

아빠 시간이 금이라는 건 무슨 뜻일까?

찬유 시간이 그만큼 중요하다는 뜻이야.

지유 1분 1초가 다급한 상황. 그리고 사람이 다쳤을 때도 시간은 금이야.

아빠 아! 골든타임을 말하는구나. 골드가 뭐지?

지유 금!

아빠 그럼 골든타임은 뭐야?

찬유 시간은 금이다.

아빠 잘 대답했어, 찬유야! 아빠가 40년을 살았는데 되돌아보면 늘 골든타임이었던 같다. 시간을 낭비한 적도 많고 정말 열심히 산 적도 많았어. 그런데 시간을 낭비하면 늘 후회했어. 카르페 디엠이라는 말처럼 오늘을 즐기면서 열심히 사는 게 중요한 것 같아.

이날은 아내가 직장상사의 부친상으로 장례식장에 가는 바람에 셋이서 저녁을 먹었다. 밥상머리에서 무슨 이야기를 할까 고민하던 찰나, 질문 주고받기 게임을 했던 생각이 나서 그때 나온 질문으로 대화를 시작했다. 아이들과 대화를 끝내고 나니 뿌듯한 마음이 절로 들었다. 그야말로 카르페 디엠, 그 자체가 아닐 수 없다. 함께 저녁 식사를 하면서 시간에 대한 중요성과 그 의미를 깊게 생각해 볼 수 있었다.

대화 시간은 어느새 한 시간을 훌쩍 넘겨 있었다. 단언컨대 시간이라는 개념을 이토록 깊게 생각하고, 누군가와 이야기해본 적은 없었다. 아이들도 시간에 대해 깊이 생각하며 배움을 얻었겠지만, 나 또한 시간의 중요성을 다시 일깨운 소중한 기회였다.

우리 집의 사례에서 보았듯이 질문 주고받기 게임을 하다 보면 아테네 광장 못지않은 철학적 대화를 할 수 있다. 질문과 답을 바로 주고받으면 질문 자체가 몇 개 되지 않고 일반적인 질문만 나올 가능성이 크다. 하지만 질문 주고받기 게임을 하면서 여러 질문을 만들다 보면 질문의 수준이 깊고 넓어진다. 그 질문을 토대로 대화하면 자연스럽게 대화의 수준도 깊고 넓어진다.

아이들과 무슨 주제로 대화를 해야 할 지 고민될 때는 하나의 키워드를 정해서 질문 주고받기 게임을 해보자. 며칠 동안 이야기할 소재를 구할 수도 있다.

앞서 찬유와 차 안에서 함께 만든 시간에 대한 질문이 아직 많이 남았다. 못다 한 질문은 다음 시간에 또 하면 될 것이다.

“

가장 중요한 것은 질문을 멈추지 않는 것이다.

호기심은 그 자체만으로도 존재 이유가 있다.

— 아인슈타인

5

생각의 시작은 질문,
지식과 지혜는 질문에서 출발한다

협동력과 소통력을 키우는 스무고개 놀이

아이의 질문 습관을 만드는 지적인 말놀이

세계 여러 나라를 보면 비슷한 말놀이가 많다. 대표적인 것이 끝말잇기다. 미국, 중국, 일본도 우리와 똑같은 방식의 끝말잇기를 한다. 아마도 끝말잇기는 인류가 언어를 쉽게 배우고 어휘력을 높이려 하는 과정에서 자연적으로 생긴 놀이가 아닐까?

••• 최고의 발명왕, 세종대왕도 즐겨했던 말 잇기 놀이

세종대왕은 말놀이를 좋아했다. 〈태종실록〉을 보면 세종은 어린 시절에 연구(聯句) 잇기를 잘하였다고 기록되어 있다. 연구는 두 명 이상의 사람이 모여 누군가 한 구절을 지으면 다음 사람이 이어받아서 시를 완성하는 놀이다. 즉 여러 사람이 함께 시를 짓는 놀이로, 그 기원은 중국의 한나라 무제(武帝, 기원전 140~기원전 87)가 신하들과 함께 연구 잇기를 했다는 기록에서 찾을 수 있다. 무려 2천 년이 넘은 말놀이인 것이다. 태종은 어린 아들(세종)

을 데리고 다니며 연구 잇기 놀이를 즐겨 했다. 조선 후기에 이긍익이 저술한 《연려실기술》에는 세종이 "아버지(태종)는 연회를 할 때면 나를 불러 손님들과 시구 잇기를 시키셨다. 아버지는 '내가 손님과 더불어 즐거웠는데 너의 힘이 컸다'며 칭찬하시곤 했다"는 기록이 나온다. 여러 사람이 함께 시를 짓는 연구 잇기는 순발력, 어휘력, 작문능력, 감성을 자극하는 말놀이다.

••• 사고력과 창의력을 키우는 지적인 말놀이, 스무고개

언어의 역사는 곧 말놀이의 역사이기도 하다. 언어가 지속되려면 사람들이 즐겨 써야 한다. 언어를 즐겨 쓰는 데 가장 좋은 방법 중 하나가 재미있는 말놀이다. 언어의 생존을 위해 선택된 말놀이는 아이가 모국어를 빨리 익히고 상황에 맞는 언어를 골라 쓰는 능력을 키운다. 끝말잇기, 말꼬리 잇기, 말머리 잇기 등이 있다.

아이의 사고력과 창의력을 키우는 말놀이도 있다. 대표적인 것이 스무고개와 수수께끼다. 스무고개와 수수께끼는 질문에서 시작되는 지적인 말놀이다. 스무고개는 질문이 20개이고, 수수께끼는 하나다. 인간의 사고력, 창의력을 키우는 데 질문이 좋다는 것을 놀이가 입증하는 셈이다. 위키백과에 따르면 스무고개 놀이는 "1950년대 영국 BBC의 라디오 프로그램 '트웬티 퀘스천스(Twenty Questions)'로 유행했고, 대한민국에는 군정기 때 이를 똑같이 모방한 프로그램이 만들어지면서 퍼졌다"고 한다.

영국에서는 '20개의 질문들'이라고 했지만, 한국에 들어오면서 스무고개로 이름이 맛깔나게 변했다. 국토가 온통 산으로 둘러싸여 있는 탓인지, 우리나라 사람들은 '고개'라는 말 자체에서 어려움, 고비의 정서를 느낀다. 즉 어려운 질문고개를 넘고 넘는다는 의미로 그렇게 이름 지었을 것이다.

••• 부모와 함께하는 스무고개 놀이로 생각의 힘이 길러진다

나는 아이들과 스무고개 놀이를 즐긴다. 스무고개는 무에서 유를 찾는 신비한 놀이다. 스무고개는 우리가 살아가는 방식과 비슷하다. 삶에는 정해진 답이 없지 않은가? 끊임없이 스스로에게 '이 길이 내 길인가, 이렇게 사는 게 맞는 걸까?' 질문하며 자신의 길을 찾아야 한다. 그 길은 질문에서 시작된다. 깜깜한 어둠 속에서 오로지 질문으로 길을 찾는 스무고개와 우리의 삶은 닮았다.

질문은 어둠을 밝히는 빛과 같다. 질문 하나가 인생을 바꾼다는 말이 있다. 소크라테스는 "믿기지 않겠지만 인간이 지닌 최고의 탁월함은 자기 자신과 타인에게 질문하는 능력이다"고 말했다. 그래서 나는 아이들에게 자주 질문을 한다. 또한 아이들 스스로 질문하는 습관을 들이도록 밥을 먹으며 스무고개를 넘고 또 넘어간다.

●●● 가족이 협력하고 소통할수록 아이의 생각그릇이 커진다

스무고개는 문제 출제자가 마음속으로 단어를 생각하면 여러 사람이 협력해서 맞히는 방식의 놀이다. 아빠가 출제자라면 마음속으로 '토끼'를 생각한다. 그러면 아이가 '생물입니까?', '무생물입니까?', '동물입니까?', '땅에 삽니까?', '풀을 먹습니까?' 등의 질문을 하고 아빠는 '예, 아니요'로 답하는 방식이다. 질문 하나를 한 고개로 치면, 스무고개 안에는 답을 맞혀야 한다. 답을 맞히면 출제자와 질문자가 바뀐다.

스무고개는 질문을 통한 소통과 협력의 놀이다. 아빠가 술래라면 엄마와 아이가 서로 협력해 질문을 던져서 아빠의 생각을 맞혀야 한다. 무에서 유를 찾는 스무고개 놀이는 아이의 생각하는 힘을 키운다. 그 과정에서 가족의 소통과 협력은 덤으로 생겨난다. 참 좋은 놀이다.

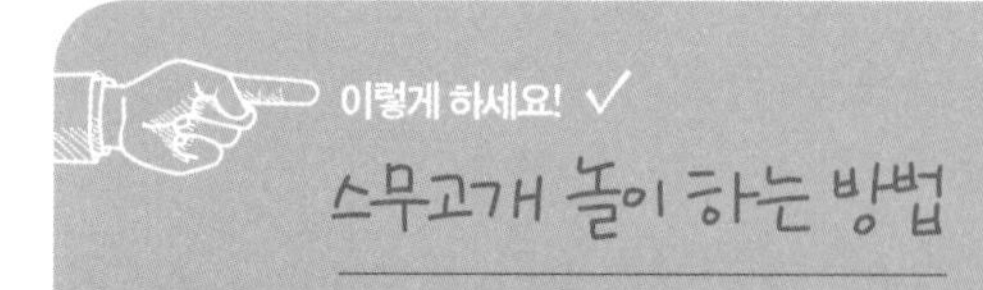

- **가위바위보 등을 통해서 문제 출제자를 정한다.**
- **출제자는 마음속으로 하나의 단어를 생각한다.**

  예) 나무, 호랑이, 물
- **질문자는 질문을 통해 그 단어가 무엇인지 찾는다.**

  예) "살아 있습니까?", "주변에 있나요?", "사람에게 도움을 주나요?" 등
- **질문은 20개까지 할 수 있고, 20개 안에 단어를 맞히면 이긴다.**

  질문자가 답을 맞히면 문제 출제자가 된다. 질문자가 20개 안에 답을 못 찾으면 출제자는 답을 공개하고 다시 문제를 낸다.

실제 사례로 배우기

질문하고 소통하고 공감하라

스무고개 놀이는 가족이 함께 둘러앉은 자리면 언제 어디서든 가볍게 할 수 있다. 이날은 저녁 식사를 하며 온 가족이 스무고개 놀이를 하였다.

아빠 우리 스무고개 놀이하자. 각자 마음속으로 단어 하나씩 떠올려 봐. 가위바위보로 먼저 할 사람 정하자. 가위바위보! 엄마가 됐네. 그럼, 질문을 시작하자.

●●● 엄마의 스무고개

1 지유 살아있는 거야?

엄마 아니.

2 찬유 집에 관련된 거야?

엄마 응.

3	아빠	평소에 좋아하는 거야?
	엄마	응.
4	지유	우리가 갖고 있는 거야?
	엄마	응.
5	찬유	가지고 다니는 거야?
	엄마	아니.
6	아빠	화장에 관련된 거야?
	엄마	아니.
7	지유	거실에 있어?
	엄마	응.
8	찬유	관상용이야?
	엄마	아니.
9	아빠	가격이 비싸?
	엄마	아니.
10	지유	먹는 건가?
	엄마	응.
11	찬유	먹으면 기분이 좋아져?
	엄마	응.
12	아빠	지금 먹고 있는 거야?
	엄마	응.

13 찬유 머스타스 소스 맞아?

엄마 맞아! 찬유가 맞췄네.

●●● 지유의 스무고개

1 찬유 먹는 거야?

지유 아니.

2 아빠 식물이야?

지유 아니.

3 엄마 네모난 거야?

지유 응.

4 찬유 누나가 좋아하는 거야?

지유 응.

5 아빠 살아있는 거니?

지유 아니.

6 엄마 지유보다 커?

지유 아니.

7 찬유 엄마와 관련된 거야?

지유 응.

8 아빠 집에 있니?

지유 응.

9 엄마 움직이는 거야?

지유 아니.

10 찬유 거실에 있어?

지유 응.

11 엄마 사진액자 맞니?

지유 와! 역시 엄마!

●●● 아빠의 스무고개

1 지유 아빠가 아끼는 거야?

아빠 응.

2 엄마 먹는 거야?

아빠 응.

3 찬유 초록색이야?

아빠 초록색일 때도 있어.

4 지유 아빠가 좋아해?

아빠 응.

5 엄마 과일 종류야?

아빠 응.

6 찬유 지금 냉장고에 있어?

아빠 아니.

7 지유 가끔 먹어?

아빠 응.

8 엄마 동그란 거야?

아빠 아니.

9 찬유 길어?

아빠 응.

10 지유 나 알 것 같아. 바나나 맞아?

아빠 맞아. (하이파이브)

••• 찬유의 스무고개

1 엄마 자연적으로 생겨나는 거야?

찬유 그럴 수도 있고, 아닐 수도 있어.

2 아빠 공장에서 만드는 거야?

찬유 아니.

3 지유 움직여?

찬유 아니.

4 엄마 먹는 거야?

찬유 아니.

5 아빠 찬유보다 커?

찬유 아니.

6 지유 학교에 있어?

찬유 아니.

7 엄마 색깔이 있니?

찬유 없어.

8 아빠 주변에서 볼 수 있어?

찬유 아니.

9 지유 넌 그걸 좋아해?

찬유 응.

10 엄마 상상하는 거니?

찬유 아니.

11 아빠 크기가 있나?

찬유 아니.

12 지유 엄마와 연관이 있니?

찬유 아니.

13 엄마 찬유가 태어나기 전에 그게 있었니?

찬유 응.

14 아빠 찬유가 좋아하는 거니?

찬유 응.

15 지유 잡을 수 있나?

찬유 아니.

16 엄마 냄새가 있나?

찬유 아니.

17 아빠 상상 속에만 있나?

찬유 아니.

18 지유 사람들이 좋아하니?

찬유 응.

19 엄마 찬유한테만 있는 거니?

찬유 아니.

20 아빠 생각할 때만 나오니?

찬유 꼭 그렇지는 않아.

질문이 20개가 넘었지만 우리 가족은 찬유의 답을 알지 못했다. 답을 공개하고 넘어갈 수도 있었지만 지유가 "꼭 맞추고 말겠다"고 해서 계속 질문을 했다.

21 지유 사람한테 도움을 주니?

찬유 그럴 수도 있고, 아닐 수도 있어.

22 엄마 직업과 관련이 있어?

찬유 응.

23 아빠 찬유가 좋아하는 거니?

찬유 응. 그런데 그거 조금 전에 했던 질문이야.

24 지유 모든 사람들이 이루어지는 거니?

찬유 응.

25 엄마 노력을 하면 이루어지니?

찬유 응.

26 아빠 한 사람에게 하나씩 있니?

찬유 응. 힌트 줄게. 시간이 지나서 이루어지면 최악이고, 노력해서 이루면 행복해져. 보통 20대쯤 되면 이뤄지는 것 같아.

27 지유 나 알 것 같아. 운명 맞니?

찬유 응.

아빠 오늘 찬유한테 한 수 배웠네. 찬유는 어떻게 운명이라는 단어를 생각했니?

찬유 난 운명이라는 단어를 좋아해. 살아가는 길이니까. 노력하면 내 운명을 이룰 수 있잖아.

아내와 난 놀랐다. 찬유의 문제는 철학적이었다. '운명'이라는 단어를 생각한 이유도 철학적이다. 찬유는 10살의 평범한 아이이다. 아직도 놀이터를 가장 좋아하고, 주말에는 온종일 뛰어다니며 논다. 질문으로 찬유의 평범함 속에 특별함이 숨겨져 있음을 종종 발견한다.

이 세상 모든 아이들은 특별하다. 다만 그 특별함을 보려면 아이에게 질문을 던져야 한다. 그러나 대부분의 부모와 선생님은 겉으로 드러나는 아이의 평범함을 보고 그 속에 숨겨진 특별함은 보지 못한다. 질문을 해야 아이의 진면목이 드러나면서 숨겨진 잠재력과 특별함을 볼 수 있다.

이 글을 읽은 독자라면 오늘 저녁밥상에서 한번 해보시라. 질문이 있는 밥상이 지혜가 있는 밥상과 행복이 있는 밥상을 만든다. 시간을 보니 벌써 한 시간이 훌쩍 지나있다. 그 시간 동안 우리 가족은 하루의 피곤을 말끔히 씻어내는 행복을 느꼈다.

혼자 공부하고 앞장서 토론하는 아이로 자란다

아이의 흥미를 고취시키는 미디어 질문놀이 • 말의 속뜻을 이해하고 지혜를 키우는 속담 · 질문 만들기 • 탈무드 대신 신문, 한국형 하브루타 대화법 • 지적 호기심과 공부 두뇌를 깨우는 질문으로 토론하기

6

영화, 드라마, 소설을 활용해
아이의 말문을 여는 법

아이의 흥미를
고취시키는
미디어 질문놀이

영화와 드라마, 보는 것으로만 끝내기는 아깝다

필자는 아이들과 영화를 자주 본다. 영화감독은 2시간 안에 관객과 진검승부를 해야 한다. 2시간 동안 관객의 마음을 사로잡지 못하면 다음 영화 제작을 기약하기 힘들다. 영화는 2시간 동안 잘 짜인 스토리가 있고, 인물들 간의 선 굵은 캐릭터가 있어 몰입도가 좋다.

얼마 전에 마블 시리즈 〈어벤져스 : 인피니티 워〉를 보았는데 한시도 눈을 뗄 수가 없었다. 얼마나 몰입해서 봤던지 보고 나니 머리가 무거웠다. 영화를 보는 중간, 옆에 앉아있는 아들을 보니 입을 떡하니 벌리고 스크린 속으로 빨려 들어갈 듯한 무아지경의 모습이었다. 그 영화의 제작비용은 약 2천 2백억 원이다. 우리 가족은 조조할인으로 영화표를 한 장당 7천 원에 사서 보았다. 7천 원을 내고 2천 2백억 원이 투입된 영화를 본다니 얼마나 좋은 세상인가. 본전을 뽑고도 남는다.

영화를 본 지 한 달이 넘게 지났지만 아들은 친하게 지내는 친구들 6총사를 만나면 아직도 어벤져스 이야기로 몇 시간을 보낸다고 한다. 강렬한 여운이 남은 게다. 아마 아들과 친구들은 어벤져스 영화를 평생 기억할 것이다. 아무리 재미있는 영화라도 시간이 지나면 잊어버리지만 영화를 보고 나서 이야기를 나누면 오래가니까 말이다. 〈어벤져스〉를 보고 온 날 저녁, 식사를 하며 내가 먼저 몇 가지 질문을 던지고 이야기를 나눴다.

영화 〈어벤져스〉를 본 후 생각을 확장시키는 질문들

- 각자 좋아하는 캐릭터와 그 이유는?
- 살아남은 어벤져스 캐릭터들의 공통점은 무엇인가?
- 죽은 어벤져스 캐릭터들의 공통점은 무엇인가?
- 누가 악당 타노스를 죽일까? 그 이유는?
- 악당 타노스가 지구를 정복하면 우리는 어떻게 될까?
- 새로운 어벤져스 캐릭터를 만든다면?

식사가 끝나고도 아이들은 신이 나서 한참이나 이야기를 주고받았다. 영화를 보는 데서 그치지 않고 질문하며 대화를 나누면 그때부터는 인문학이 된다. 인문학을 꼭 고전에서 찾을 필요는 없다. 인문학은 사람이 살아가는 세상을 배우는 것으로, 어디서든 무엇으로든지 가능하다. 영화는 스토리, 인물, 감동, 재미가 있으니 살아있는 인문학 소재다. 드라마도 마찬가지다. 사람 사는 세상을 세밀하게 표현한 드라마는 좋은 인문학 공부가 된다.

사람은 공간과 시간의 제약으로 인해 모든 걸 직접 경험해보는 것은 한계가 있다. 영화와 드라마는 그러한 한계를 어느 정도나마 극복하게 해준다.

나는 요즘 드라마 〈뿌리 깊은 나무〉를 아이들과 함께 다시 보고 있다. 2011년에 방영된 이 드라마는 세종대왕의 한글 창제 과정을 흥미진진하게 다룬 작품이다. 한글의 탄생 배경과 과정을 이보다 더 생생하고 입체적으로 배울 방법이 있을까? 매회 드라마가 끝나면 아이들과 여러 이야기를 나눈다. 이야기는 질문에서 시작된다.

드라마 〈뿌리 깊은 나무〉를 본 후 생각을 확장시키는 질문들

- 세종대왕이 한글을 만든 이유는 무엇일까?
- 한글을 만드는 데 참여한 학사들을 누가, 왜 죽였을까?
- 최만리 등 여러 신하들이 한글을 반대하는 이유는 무엇일까?
- 백성들은 왜 한글을 좋아하는가?
- 한글의 우수성은 뭘까?
- 세종대왕이 한글을 만들지 않았다면?

요즘 아들은 박시백의 《조선왕조실록》 시리즈를 보고 있다. 책에 나오는 조선 시대의 이야기들이 드라마와 매칭이 되어서 더 재미있다고 한다. 내가

〈뿌리 깊은 나무〉를 아이들과 함께 보고 있는 이유 중의 하나이기도 하다.

••• 아이들이 좋아하는 〈해리 포터〉로 질문놀이 하기

우리 아이들이 가장 좋아하는 영화는 〈해리 포터〉 시리즈이다. 이 시리즈는 벌써 열 번을 넘게 보았다. 나는 아이들이 영화를 다 보았을 때, 조심스럽게 책을 권했다. 소설은 전체 24권으로 방대한 양인데 아이들은 겨울방학 동안 쉬지 않고 읽었다. 아마 영화를 보지 않고 책부터 권했더라면 읽다가 포기했을 것이다. 우리 아이들은 요즘 다시 〈해리 포터〉 시리즈를 보고 있다. 이번에는 영어공부용이다. 인터넷에서 공유된 대본을 출력해 한 편씩 보고 있다. 이미 열 번도 넘게 본 영화이니 대본을 읽어도 어렵지 않다. 처음에 우려했던 것과 달리 아이들은 영어대본을 재미있게 읽고 있다.

전 세계에서 성경 다음으로 많이 팔린 베스트셀러는 〈해리 포터〉 시리즈일 것이라고 한다. 그 정도로 많은 사람이 읽고 보는 데는 이유가 있기 마련이다. 일단은 사람들이 상상하던 마법의 세계를 눈앞에 실현시켜 놓았으니 열광할 수밖에. 그뿐이 아니다. 선악의 대결, 사랑, 우정, 가족, 시련 등 보편적 가치들이 녹아 있다. 그래서 나와 아내도 〈해리 포터〉를 좋아한다. 얼마 전에는 다 함께 영화를 보고 질문놀이를 했다.

종이를 가져와서 10분 동안 해리 포터에 대한 질문을 썼다.

〈해리 포터〉는 왜 마법을 부리는 영화가 되었나?

사람들은 〈해리 포터〉를 왜 좋아하나?

미래에는 마법이 생길까?

해리의 이모와 이모부는 왜 해리를 괴롭힐까?

해리는 왜 주인공이 되었나?

슬리데린은 왜 나쁜 기숙사인가?

〈해리 포터〉 영화는 왜 마지막 편에서만 사람이 많이 죽을까?

그리핀도로는 왜 용감한 기숙사인가?

퀴디치는 왜 생겨난 것인가?

〈해리 포터〉의 각 기숙사에는 왜 그 기숙사를 상징하는 동물들이 있나?

조앤 롤링은 왜 〈해리 포터〉를 쓰게 됐나?

왜 소설과 영화의 내용이 조금씩 다른가?

헤르미온느는 왜 해리와 결혼하지 않고 론과 결혼했을까?

해리는 왜 볼드모트가 주문을 걸었을 때 죽지 않았나?

세상에 마법이 생긴다면 어떻게 될까?

투명망토를 써보면 어떤 기분일까?

볼드모트는 왜 어둠의 마왕이 되었는가?

빗자루를 타고 날면 어떤 기분일까?

아이들은 왜 〈해리 포터〉를 좋아하는가?

〈해리 포터〉가 영어공부에 도움이 되는가?

왜 〈해리 포터〉에는 착한 인물과 악한 인물이 나오는가?

조앤 롤링은 왜 〈해리 포터〉를 상상하고 책으로 만들었을까?

세상에 마법사가 존재할까?

마법학교가 있다면 학생을 어떤 기준으로 뽑아야 할까?

마법학교는 사람들에게 인기가 있을까?

헤르미온느와 론은 왜 결혼했을까?

마법학교의 방학 때는 왜 집에 가야 하는가?

해리의 이모는 왜 해리를 싫어할까?

조앤 롤링은 왜 〈해리 포터〉를 만들었을까?

〈해리 포터〉가 인기 있은 이유는?

나는 작품 중 어떤 인물이 되어보고 싶은가?

가작 기억에 남는 캐릭터는?

〈해리 포터〉 시리즈 중에 뭐가 제일 재미있었나?

다음 작품이 나온다면 어떤 내용이 좋을까?

나는 어떤 마법을 갖고 싶은가? / 어떤 기숙사로 가고 싶은가?

볼트모트는 왜 해리를 죽이려고 했을까?

〈해리 포터〉에 나오는 마법 중 미래에 실현될 가능성이 있는 것은?

질문은 다양하게 나왔다. 우리 가족의 질문은 과거, 현재, 미래로 나뉘었다. 대부분의 사람들이 질문을 만들라고 하면 처음에는 굉장히 어색해하고 힘들어한다. 이때 과거, 현재, 미래의 질문기법만 알아도 쉽고 좋은 질문을 만들 수 있다.

지유는 조앤 롤링이 왜 〈해리 포터〉 이야기를 썼는지에 대해 질문을 던졌다. 이것은 과거에 해당하는 질문이다. 모든 사건과 현상에는 '왜 발생했는가?'에 대한 배경이 있다. 이것을 알고 시작하면 다른 내용에 대한 이해도가 깊어진다. 다음은 현재인데, 영화와 인물에 직접 관련된 이야기다. 찬유가 질문한 '해리의 이모와 이모부는 왜 해리를 괴롭힐까?' 등이 해당된다. 대부분의 질문이 현재에서 나왔다. 마지막은 미래에 관한 질문으로, 찬유가 질문한 '미래에는 마법이 생길까?'가 해당된다.

이렇게 하세요! ✓

영화와 드라마를 활용한 질문놀이 방법

- 영화를 보고 각자 질문을 써본다. 만약 종이에 질문을 쓸 여건이 되지 않으면 바로 질문을 던지고 대화를 시작해도 좋다.
- 비슷한 질문을 하나로 묶는다.
- 한 사람씩 돌아가면서 자기 질문을 말하고 서로 대화를 나눈다.
- 내가 만들고 싶은 영화나 드라마에 관한 질문을 하고 마무리한다.

실제 사례로 배우기

해리 포터의 마법이 실재한다면?

10분간 각자 질문 뽑기를 마무리한 후, 이를 주제로 대화를 시작하였다.

지유 조앤 롤링은 왜 〈해리 포터〉 이야기를 쓰게 되었을까?

찬유 자기가 마법을 좋아하고 호기심이 많아서.

지유 사람들이 마법을 부려보고 싶은 마음이 있으니까. 〈해리 포터〉는 원래 조앤 롤링이 이혼하고 나서 기차를 타다가 갑자기 생각이 나서 썼던 소설이래.

아빠 이혼과 연관성이 있을까?

지유 울적한 마음을 풀려고 상상을 펼친 것 같아.

찬유 애들을 먹여 살리고 돈을 벌기 위해서.

••• 소설이 원작인 해리 포터, 만약 내가 영화로 만든다면?

찬유 사람들은 왜 〈해리 포터〉를 좋아할까?

지유 재밌고 환상적이야.

찬유 박진감 있고 흥미진진해. 그리고 연기도 잘해. 마법을 부리는 게 재미있고 여러 가지 마법이 나와서 좋아해.

엄마 마법에 대한 호기심을 눈으로 보여주니까. 내가 생각하지 못했던 것에 대해 그림을 잘 그려줬어. 마법학교를 들어가기 위해서 9와 3분의 1 정거장에 쑤욱 들어가는 거랑 부엉이가 편지를 전달해주는 거 보면 신기하잖아.

지유 책과 영화는 왜 내용이 다를까?

찬유 책만 보면 이야기가 너무 단순하니까 영화로 만들면서 좀 바꿨어.

지유 책에 있는 내용을 영화로 다 구현하기가 힘들어서.

아빠 만약에 소설을 그대로 영화로 옮겼다면 어땠을까?

지유 그냥 책을 보고 말아. 영화가 너무 길어져서 지루해.

찬유 난 영화를 보고 말아. 책은 안 봐.

아빠 너희가 영화감독이라면 어떤 걸 영화로 옮길까?

찬유 박진감 넘치고 흥미진진한 거.

지유 익사이팅 한 거.

엄마 책에서 가장 재미있는 내용만 옮겼겠지. 대부분의 영화시간이 2~3

시간이잖아. 아무리 재밌는 영화라도 5시간씩 하면 사람들이 지치고 집중력이 떨어질 거야. 영화시간에 맞추다 보니 지루한 내용은 빠지는 거지.

••• 해리 포터 속 마법이 현실에 존재한다면?

지유 세상에 마법이 생긴다면 어떻게 될까?

찬유 난 투명망토가 나오면 살 거야. 그리고 보이는지 안 보이는지 실험해볼 거야.

엄마 또 어떤 변화가 생길까?

지유 사람들이 장난을 많이 칠 거야. 숨바꼭질할 때 투명마법을 써서 숨을 수 있어. 얼마 전에 미국에서 투명망토를 만들고 있다고 했으니까 가능할지도 몰라.

아빠 투명망토를 쓰면 어떤 기분일까? 어디 가보고 싶어?

찬유 모험을 떠날 거야, 정글로.

지유 비행기를 몰래 타고 영국에 가볼 거야. 영국에 있는 해리 포터 박물관에 가보고 싶어.

찬유 세상에 마법이 생기면 마법천지가 될 거야. 그런데 머글(해리 포터에서 마법을 부리지 못하는 사람)도 있어서 그런 사람들을 위해서 마법을 가르치는 마법학교가 생길 거야. 내가 마법학교를 세우고 싶어.

아빠 그럼 찬유가 덤블도어처럼 마법학교 교수가 되는 거니?

찬유 아니. 난 가르치는 건 별로 안 좋아. 나는 세우기만 하고 배우러 다닐 거야.

••• 작품 속 설정에 관하여 생각해보기

찬유 슬리데린은 왜 나쁜 기숙사일까?

지유 마법학교를 세운 사람 중에 슬리데린이라는 사람이 있었어. 그 사람 이름을 따서 슬리데린이라고 이름 지었어.

아빠 마법학교에서는 착한 사람만 받으면 되는데 왜 말포이 같은 나쁜 사람도 받았을까? (아이들이 대답하지 못함)
만약 너희가 다니는 한솔초등학교에 입학할 때 착한 아이만 받으면 어떻게 될까?

이럴 때는 예를 들며 다시 질문해 스스로 답을 찾도록 하는 게 좋다.

지유 학교에 못 오는 아이는 더 나빠져.

아빠 그럼 다시 질문할게. 마법학교는 왜 나쁜 학생도 받았을까?

지유 학교에서 착한 심성을 배우면서 착하게 성장해. 마법사들에게 사람을 죽이는 '아브라카다브라'는 쓰지 말라고 했어.

찬유 어른이 됐을 때는 위대한 사람이 되라고.

아빠 학교에서는 그런 역할을 하는 거지. 나쁜 사람이라도 마법학교에 오면 나쁜 마법을 썼을 때 벌을 주는 거야. 규칙도 알려주고. 나쁜 마법사가 마법학교에 안 오고 여기저기 돌아다니면서 나쁜 일을 하면 세상은 엄청 위험해질 거야.

••• 미래 기술과 마법에 관하여 생각해보기

찬유 미래에는 마법이 생길까?

아빠 찬유는 어떻게 생각해?

찬유 생활에 필요한 마법도 생기고 마법으로 놀아주는 로봇도 생길 거 같아.

지유 로봇은 마법이 아닌데.

찬유 마법으로 로봇을 만드는 거지. 또 전쟁할 때 즉석에서 마법으로 무기를 만들어.

아빠 전쟁을 없애는 마법이 있었으면 좋겠다. 마법으로 무기를 만들면 엄청난 사람이 죽을 수 있으니까.

지유 누군가 그 사람을 죽이면 전쟁을 못 하는 마법이 풀리지 않을까?

아빠 아빠는 뇌파로 상상하는 것을 전달해서 3D프린터를 이용해 그대로 만들어내는 마법이 생길 것 같아. 찬유는 어떤 마법을 하고 싶어?

찬유 윙가르디움 레비오우사, 어떤 물건을 뜨게 하는 마법이야. 지팡이를 흔들면 떨어져.

아빠 왜 그게 하고 싶어?

찬유 공중에 떠 있고 싶어서.

다섯 질문에 대한 대화를 나누는데 한 시간이 훌쩍 지났다. 오늘 못다 한 질문은 시간이 날 때마다 계속해서 하기로 했다.

인류가 처음 글을 쓰기 시작한 것은 머릿속 생각을 나무 막대기로 흙 위에 긁적인 결과였다. 마음의 그리움을 표현한 것은 그림이 되었고, 그림은 영상으로 진화했다. 글, 그림, 영상은 다 마음에서 나온다. 질문을 글로 다시 써보는 것은 영화를 다시 되돌려 보며 생각을 담는 행위다. 글쓰기는 좌뇌를 발달시키고, 그림과 영상은 우뇌를 발달시킨다. 영화를 보고 나서 글을 쓰면 좌뇌와 우뇌가 동시에 요동친다.

아이가 아직 어리거나 글을 쓸 만한 여건이 되지 않는다면 곧바로 질문하고 대답을 하는 방식으로 질문놀이를 이끌면 된다. 영화로 질문을 만들고 대화하면 아이들은 영화를 눈으로만 보지 않고 그 속에 숨어있는 맥락을 마음으로도 보게 된다.

7

짧은 문장 속에 축적된

인류의 지혜

말의 속뜻을 이해하고
지혜를 키우는
속담 · 질문 만들기

인류의 지혜를
퍼 올리는
질문의 기술

속담은 그 뜻이 깊고 진하다. 속담을 되새겨보면 우리 삶의 진리가 녹아 있음을 발견하게 된다. 그것이 속담의 끈질긴 생명력이다. 전화와 컴퓨터가 없던 시절, 입에서 입으로 전해져오던 속담은 아직도 살아있다. 도대체 속담은 누가 만들었고 언제부터 시작되었을까? 아마도 사람 사는 세상이 만들어지면서 속담도 함께 생겨났을 것이다. 누가 먼저랄 것도 없이 자녀에게, 친척에게, 친구에게, 제자에게 삶의 지혜를 나눠주고 싶은 인간의 욕구가 속담의 탄생을 불렀을 것이다. 명강사에게 몇 시간의 특강을 듣는 것보다 때로는 강렬한 한마디가 사람의 마음을 움직인다. 실제로 나는 이성적인 연설문을 읽었을 때보다 짧은 한 줄의 글에서 더 큰 울림을 느낄 때가 많았다.

••• 인류의 역사만큼이나 오래된 지혜

속담은 생각을 깊게 해준다. 속담을 보면 직접적이기보다는 은근하다. 몇 번이나 마음속으로 왜라는 질문을 던지게 된다. 그것을 곱씹으면서 생각해 봐야 은근한 표현 속에 담긴 속뜻을 정확하게 헤아릴 수 있다. 또한 속담은 삶의 지혜를 알려주고 어떻게 살아야 할지 방향을 제시하는 역할을 한다.

국어사전에서는 속담을 예로부터 민간에 전하여 오는 쉬운 격언이나 잠언이라고 말한다. 그렇다면 격언과 잠언은 무엇인가? 격언은 오랜 역사적 생활 체험을 통하여 이루어진 인생에 대한 교훈이나 경계 따위를 간결하게 표현한 짧은 글이다. 잠언은 가르쳐서 훈계하는 말이다. 즉 속담은 인생에 교훈을 주고 배움을 주는 역할을 한다.

속담은 어느 날 하늘에서 툭 하고 떨어진 게 아니다. 만약 오늘 내가 속담을 만들었다고 생각해보자. 이 속담이 지속가능한 생명력을 가지려면 감정, 깨달음, 경험, 철학, 재미가 있어야 한다. 그래야 사람들이 공감하고 다른 사람에게 퍼뜨린다. 속담은 사람의 기쁨, 슬픔, 사랑, 즐거움을 한 줄에 담고 있다. 그런 촌철살인(寸鐵殺人, 작고 날카로운 쇠붙이로도 사람을 죽일 수 있다는 뜻으로, 짧은 경구로도 사람을 크게 감동시킬 수 있음을 이르는 말)이 속담으로 살아남는 것이다.

언어는 사람의 가치관과 행동을 지배한다. 언어는 살아 있는 생물이다. 지금도 끊임없이 새로운 언어가 생겨나고 있고, 필요 없는 언어는 가차 없이 사라지고 있다. 그 치열한 언어의 진화 과정에서 살아남은 것이 바로 속담이다. 오래 살아남은 것에는 다 이유가 있기 마련이다. 아리스토텔레스(B.C. 530~647) 는 "속담이란 누구나 쉽게 쓸 수 있고, 가장 간편한 생활 용어이기 때문에 언제까지나 살아있는 지식과 지혜의 한 부분이다"라고 하였다.

세계 역사를 호령하던 강대국일수록 속담이 풍부한 이유는 지식과 지혜를 전수하는 매개체로 속담을 사용했기 때문이다. 인류의 지혜와 슬기로움을 담고 있는 속담을 아이와 나눈다면 그 자체가 밥상머리 인문학이 아니겠는가? 아이와 속담으로 대화를 나눈다는 것은 삶의 지혜를 나누는 것과 똑같은 일이다.

••• 속담을 주제로 질문을 나누는 방법

어떻게 하면 속담으로 아이와 쉽게 대화를 나눌 수 있을까? 아주 간단하다. 속담을 질문형으로 바꾸면 된다. 속담의 끝을 '~까?'로 바꾸면 되는 것이다. 예를 들면 다음과 같다.

속담을 이용한 질문 만들기의 예

- 가난이 스승이다 → 가난이 스승일까?
- 작은 고추가 맵다 → 작은 고추가 매울까?
- 공든 탑이 무너지랴 → 공든 탑이 무너질까?

- 개천에서 용 난다 → 개천에서 용이 날까?
- 소 잃고 외양간 고친다 → 소 잃고 외양간을 왜 고칠까?
- 바늘 도둑이 소 도둑 된다 → 바늘 도둑이 소 도둑 될까?
- 기는 놈 위에 나는 놈 있다 → 기는 놈 위에 나는 놈 있을까?
- 고래 싸움에 새우 등 터진다 → 고래 싸움에 새우 등 터질까?
- 돌다리도 두드려 보고 건너라 → 돌다리도 두드려 보고 건너야 할까?
- 가는 말이 고와야 오는 말이 곱다 → 가는 말이 고와야 오는 말이 고울까?

속담을 질문으로 바꾸는 순간 인문학이 된다. 위의 질문을 보면 쉬운 질문이 없다. 특히 아이의 입장에서는 깊게 생각해봐야 답을 내놓을 수 있는 질문들이다. 생각도 연습이다. 자꾸 생각하는 습관을 들여야 생각이 깊어진다. 요즘 아이들은 궁금하면 스마트폰으로 바로 검색을 한다. 생각할 틈이 없다. 생각은 즉흥적이고 짧다. 아이들이 대부분의 시간을 보내는 곳은 집과 학교 그리고 학원이다. 학교와 학원에 가면 생각을 많이 할까? 어림도 없다. 지식을 주입해서 시험으로 평가하는 한국의 수업과 입시방식이 변화하지 않는 한 생각이 있는 수업은 기대하지 마시라. 한국의 대입시험인 수능과 같은 프랑스의 대입자격시험인 바칼로레아 문제를 보자.

바칼로레아 시험 문제의 사례

- 스스로 의식하지 못하는 행복이 가능한가?
- 의무를 다하는 것만으로 충분한가?
- 우리는 과학적으로 증명된 것만을 진리로 받아들여야 하는가?
- 지식은 종교적인 것이든 비종교적인 것이든 일체의 믿음을 배제하는가?
- 종교적 믿음을 가지는 것은 이성을 포기한다는 것을 뜻하는가?
- 타인을 존경하는 것은 일체의 열정을 배제한다는 것을 뜻하는가?
- 우리가 하고 있는 말에는 우리 자신이 의식하고 있는 것만 담기는가?
- 역사는 인간에게 오는 것인가, 아니면 인간에 의해 오는 것인가?

어떤가? 세계 최고 문화강국 프랑스의 힘이 느껴지는가? 우리의 수능시험 문제를 보면 한숨부터 나온다. 영어시험은 미국인도 풀기 어렵고, 국어시험은 대학교 전공교수도 풀기 어렵다. 생각보다는 암기가, 지혜보다는 지식이 필요하다. 확실한 것은 아이들이 학교와 학원에서 생각할 시간과 기회가 많지 않다는 점이다.

그렇다면 집에 가면 생각을 많이 할까? 집집마다, 아이마다 다르겠지만 세계에서 가장 바쁜 한국 아이들의 스케줄을 보면 그럴 시간이 별로 없다. 생각은 상대방과의 대화에서 나오고 발전한다. 물론 홀로 생각하는 것도 중요하지만 우선은 생각습관이 잡혀야 한다.

생각을 많이 하지 않으면 그 기능이 퇴화된다. 한 번 퇴화된 생각기능은 되살리기 어렵다. 그래서 부모가 나서야 한다. 생각습관을 잡아주는 데는 질문만 한 것이 없다. 일단 사람은 질문을 받으면 답을 생각하는 본능을 가지고 있다.

하지만 아이와 대화를 하기 위한 질문을 떠올리는 게 쉽지 않다. 그럴 때는 스마트폰을 활용하자. 괜찮은 속담을 검색해서 질문으로 바꾸어 아이에게 던져보자. 아이는 질문을 받아 생각에 잠길 것이다. 낯선 질문이어서 생각이 더 깊어질 것이다. 그 순간 아이의 두뇌에 있는 생각회로가 활성화되고, 시냅스가 꼬리에 꼬리를 물어 생각이 커질 것이다.

실제 사례로 배우기

'말 한마디로 천 냥을 갚는다'는 것은 무슨 뜻일까?

우리 집의 실제 사례를 통해 속담을 질문으로 바꾸어 대화하는 방법을 파악해보자.

아빠 퀴즈 하나 낼게. '말 한마디로 ○○○을 갚는다'는 속담이 있어. ○○○은 뭘까?

찬유 말 한마디로 기분을 나쁘게 한다.

지유 기분을 좋게 할 수도 있어. 말 한마디로 기분을 좋게 한다.

아빠 지유는 그런 경험이 있어?

지유 응, 엄마가 사랑한다고 할 때 기분이 좋아. 또……, 말 한마디로 은혜를 갚는다.

아빠 (하이파이브) 좋아! 말 한마디로 어떻게 은혜를 갚지?

지유 어떤 사람이 도움을 받아서 빚을 졌는데, 도움을 준 사람한테 고맙다고 인사를 하면 기분이 좋아져서 마음의 은혜를 갚을 수 있어.

아빠 도움을 줬는데 상대가 고맙다는 말을 안 하면 어떨까?

지유 꼭 갚으라고 할 거야, 하하.

찬유 나는 말 한마디로 축구공을 갚는다.

지유 엥, 그게 뭐야?

찬유 축구공 하나면 친구들과 신나게 놀 수 있어. 말 한마디로 사람을 즐겁게 해줄 수도 있으니까 말과 축구공은 비슷해.

엄마 찬유가 아주 기발한 생각을 했구나.

아빠 지유는 은혜라고 했고 찬유는 축구공이라고 했어. ○○○은 천 냥 빚이야. 옛날에 천 냥은 아주 큰돈이었어. 그런데 그 큰돈을 말로써 갚을 수 있을까?

지유 아빠! 책에서 봤는데 어떤 부자가 이사를 와서 옆집에 사는 사람과 아주 친하게 됐어. 그래서 부자가 집주인한테 친구를 얻게 해줘서 고맙다고 천 냥을 줬어.

아빠 왜 그랬을까?

지유 친구가 중요하니까.

아빠 돈보다 친구가 더 중요해?

지유 좋은 친구를 두면 서로서로 도움을 줄 수 있고, 돈은 쓰면 금방 없어지니까. 친구가 더 중요해.

••• 천 냥 빚을 갚는다는 말의 의미는?

아빠 돈이 없는데 어떻게 천 냥 빚을 갚았을까?

찬유 말 한마디로 기분을 좋게 할 수 있다고 했잖아. 기분을 좋게 해줘서 말로 돈을 갚은 거야.

아빠 (하이파이브) 좋아, 찬유야. 천 냥을 천만 원으로 바꿔보자. 만약에 지유와 찬유가 대학교에 갔는데 아빠가 학비를 천만 원 빌려줬어. 그러면 지유와 찬유는 아빠에게 뭐라고 말할 거야?

지유 제가 지금 돈이 없어요. 나중에 돈을 벌어서 꼭 갚을게요.

아빠 아쉬울 때는 존댓말을 하는구나. 하하. 그런 말로는 천만 원을 갚기 힘들 것 같은데. 지유야, 말로 빚을 갚으려면 말 속에 무엇이 있으면 좋을까?

지유 지혜!

찬유 진심! 정성!

아빠 어떤 진심을 담아야 할까?

지유 속마음 있는 그대로. 다급한 상황을 그대로 이야기하고, 미안한 마음도 이야기해.

찬유 언젠가는 꼭 갚을게, 라고 이야기해야 해.

지유 그건 말이 안 돼! 그 언젠가가 그 사람이 죽고 나서거나, 돈을 받을 사람이 죽고 나서일 수도 있잖아. 언제 갚을지는 이야기해야 할 것 같아.

아빠 그럼 '언젠가' 대신 어떻게 표현하는 게 좋을까?

지유 돈을 버는 대로. 직장이 생기면 조금씩 갚는다고 약속하면 좋을 것 같아.

아빠 그럼 돈을 빌린 사람과 받는 사람 간에 뭐가 생겼지?

지유 약속!

아빠 그렇게 말하면 듣는 사람 입장에서는 어떨까?

지유 이해가 가고 안심이 돼.

아빠 지혜라는 측면에서 생각해보자. 어떤 지혜가 필요할까? (아이들이 대답하지 못함)

••• 속담의 숨은 뜻

아빠 이 속담은 무엇을 이야기하고 싶었길래 말로써 천 냥 빚을 갚는다고 했을까? 이 속담의 속뜻은 뭘까?

지유 지혜로운 사람은 어려움을 말로 대처한다…….

아빠 (하이파이브) 지유가 말을 잘했다.

찬유 말의 진심……. 정성!

엄마 말의 중요성!

아빠 좋아! 그럼 지유는 말로 천 냥 빚을 갚을 자신이 있어?

지유 난 지혜로 갚을 거야.

찬유 난 못해.

아빠 그래? 그런데 찬유가 진짜 돈이 없어. 그럴 때는 돈을 빌려준 사람한테 뭐라고 할 거니?

찬유 돈이 없어서 미안하다고 하고. 갚겠다는 진심을 보여줄 거야. 진심과 정성을 담아서 이렇게 말할 거야. "돈이 없어서 못 갚을 것 같아요. 아빠! 학비를 빌려줘서 고마워요. 최선을 다해 노력을 해서 갚을게요." 이렇게 진심과 정성과 지혜를 담을 거야.

아빠 그렇게 말하면 천 냥 빚을 갚을 수 있을 것 같은데! 찬유야, 너도 할 수 있잖아. 오늘 말로써 천 냥 빚을 갚으려면 세 가지가 필요하다는 걸 지유와 찬유가 알려줬네. 뭐지?

지유, 찬유 진심, 정성, 지혜!

아빠 (하이파이브) 오늘 너희들이 대단한 걸 발견했다!

찬유 그 세 가지면 만 냥도 갚을 수 있어.

지유 억 냥도 갚을 수 있겠다!

엄마 앞으로 지유와 찬유는 어떻게 말을 할 거야?

찬유 말에 정성과 진심과 지혜를 담아서 말할 거야!

지유 나도!

처음에 아이들은 질문을 어려워했다. 말로 천 냥 빚을 어떻게 갚을지 난감해하는 표정이었다. 하지만 아이들은 나의 거듭된 질문을 통해 생각하고, 또 생각하면서 말로 천 냥 빚을 갚으려면 세 가지가 필요함을 스스로 알게 되었다. 바로 진심, 정성, 지혜라는 보물! 전혀 생각하지 못한 대답이었다.

아이들은 질문에 대한 답을 빨리 찾지는 못하지만 시간을 주면 어른이 상상하는 일반적인 답보다 더 슬기로운 답을 찾아낸다는 것을 매번 깨닫는다. 아이들은 이런 질문놀이를 통해 수학문제처럼 질문에 정답이 하나가 아니라는 걸 배워나간다. 그게 바로 창의력이다. 잊지 말자! 아이들은 질문과 시간을 주면 답을 스스로 찾는다, 늘!

“

아이를 너무 자주 비판하면 그 아이는
남을 함부로 판단하는 습관을 가지게 된다.
아이를 정기적으로 칭찬하면 그 아이는
가치를 부여하는 습관을 배우게 된다.

— 마리아 몬테소리

8

아이를 세상의 이치에 눈뜨게 하는

한국형 하브루타

탈무드 대신
신문,
한국형 하브루타 대화법

3개월 만에 아이를 변화시킨 밥상머리의 작은 기적

우리 집은 매주 토요일 아침에 집중토론 시간을 가진다. 토론이라고 하면 찬성과 반대로 나뉘어 치열하게 자신의 생각을 말하는 '설전'을 생각하지만, 자연스레 자신의 생각을 주고받는 것도 넓은 의미에서는 토론의 영역에 속한다. 국어대사전에서는 토론을 '어떤 문제에 대하여 여러 사람이 각각 의견을 말하며 논의함'으로 정의하고 있다. 대화와 토론을 무 자르듯 구별하는 것은 쉽지 않다. 다만 우리 집에서 사용되고 있는 토론의 뜻은 '특정 주제로 이야기를 하자고 미리 약속하고 자신의 생각을 주고받는 것'이다.

매주 토요일 아침에 한 시간 이상 토론을 하는 것은 이제 우리 집의 전통으로 자리 잡았다. 아이들도 당연한 것으로 받아들인다. 밥상에 김치를 올린다고 '왜 김치를 먹어야 하나?'고 묻지 않는 것처럼 말이다. 우리 집의 토론문화는 가히 김치와 같은 반열에 올랐다.

••• 우리 집에서 밥상머리 토론이 시작된 계기

글 쓰는 사람은 친절해야 한다. 자녀교육 분야에서는 나름 베스트셀러였던 《기적의 밥상머리교육》을 통해 이미 사연을 알고 있는 독자도 있을 것이다. 하지만 이 책을 통해 처음 나를 알게 된 사람들은 왜 매주 집중토론을 하게 되었는지 궁금하지 않겠는가?

시간을 거슬러 올라가 보자. 3년 전 직장문제로 주말부부로 지내던 나는 아이들과 서서히 멀어지고 있음을 느꼈다. 눈에서 멀면 마음에서 멀어지는 법! 어린 시절 아이들과 무척 친했던 나는 조바심이 났다. 당시 유아교육과 교수였기에 약간 자책감이 들기도 했다. 당시 내가 학생들에게 가르치던 과목이 교육학개론, 교육심리, 보육학개론, 영유아교과교육론이었다. 과목의 제목만 다를 뿐이지 모두 똑같은 내용으로, '어떻게 하면 아이들을 잘 가르칠 것인가?'가 바로 그 핵심이다.

그러나 나는 백면서생(글만 읽어 세상 물정에 어둡고 경험이 없는 사람)이었다. 학생은 물론 부모와 교사들에게 부모교육의 중요성을 떠들어댔지만 나부터 허당이었고, 얄팍한 지식으로 사람들을 기만하는 가짜 교육자였다. 그런 불편한 마음과 더불어 우리 아이들과 다시 친해지기 위해 결단을 내렸다. 아버지학교에 자진 입교한 것이다. 일주일 동안 그동안 나의 못된 잘못을 회개하고 급한 성질을 바꾸겠노라고 굳은 다짐을 하며 아버지학교 수료증을 받았다. 뿌듯했다. 뭔가 변화가 있을 것 같았다. 그러나 어찌 그리 약

발이 짧단 말인가? 며칠 만에 나는 원래의 나로 돌아갔다. 역시 사람은 쉽게 변하는 것이 아니다. 나는 다시 첫째 딸 지유에게 버럭 소리 지르는 못난 아빠로 복귀했다.

지유는 내성적인 아이다. 내성적인 아이들은 질문하면 바로 대답을 하지 않는다. 생각이 없어서가 아니라 마음속으로 대답을 정리하는 시간이 필요하다. 지유의 경우 대략 7~8초 정도 기다려야 대답이 나온다. 성격 급한 나 같은 사람은 속에서 천불이 난다. 참지 못하고 버럭! 딸과의 관계는 점점 멀어져 갔다. 나는 성격이 급한 대신 후회도 아주 빠르다. 딸에게 화를 내고 나면 꼭 반성을 한다. 그렇다고 성격이 바뀌지는 않는다. 그냥 반성만 할 뿐이었다.

그러던 어느 날 우연히 본 지유의 노트가 나에게 충격을 안겨주었다. 지유의 노트에는 온통 '싫다'는 부정적인 메모가 가득했다. 정말로 변하지 않으면 안 되겠다고 다짐을 했다. 그때부터 부모교육에 대한 영상자료, 책, 논문 등을 빠짐없이 찾아서 보았다.

그러한 배움의 과정에서 나는 가장 중요한 키워드를 발견했다. '밥상머리 교육'이 바로 그것이었다.

아! 나는 깨달았다. 부모가 아이 인생의 첫 선생님이자 가장 중요한 선생님이라는 것을 말이다. 그 사실을 깨닫는 순간 식탁은 교실로 변했다. 이전의 식탁은 밥 빨리 먹으라며 화난 앵무새처럼 성난 말만 되풀이하던 우울한 공간이었다.

나는 연구를 통해 다양한 교육기법을 우리 아이들에게 적용해보고, 한참 동안 시행착오를 겪었다. 그러나 포기하지 않았다. 그게 약이 되어 결국 최적의 방법을 찾아냈다.

'일주일에 한 시간 신문을 함께 읽고 토론하기!'

●●● 밥상머리교육은 아이에게 남겨주는 최고의 유산이다

약 3개월 만에 지유가 내게 말했다.

"아빠! 우리 토론하자."

나는 마음속으로 유레카를 외쳤다. 그리고 2년이 훌쩍 지난 지금 아직도 우리 가족은 일주일에 한 시간, 신문으로 토론하기를 실천하고 있다. 신문을 활용한 토론은 이제 우리 집의 문화와 전통이 되었다. 지유와 찬유는 이렇게 말한다.

"나도 결혼해서 아이들을 낳으면 신문 읽고 토론하면서 밥상머리교육을 할 거야."

나는 이미 아이들에게 위대한 유산을 남겼다. 조상으로부터 물려받은 재산은 신기루처럼 사라지지만, 유대인처럼 밥상머리교육을 유산으로 남기면 그것은 대대손손 이어진다. 실제로 유대인들은 로마에 정복을 당하고 2천 년 동안 디아스포라(이산)를 당하며 전 세계를 떠돌아다녔지만 끝내 자신들의 정체성을 잃지 않고 1948년에 이스라엘을 다시 건국했다. 그 결정적 힘은 하브루타, 즉 유대인의 밥상머리교육에서 나왔다. 지속적인 밥상머리교육을 하려면 교재가 필수적이다. 유대인들은 탈무드와 성경을 교재로 삼는다. 탈무드는 지금도 랍비들이 계속 업데이트하고 있을 정도로 방대하다.

••• 탈무드 대신 신문을 선택한 이유

나 또한 한동안 아이들과 탈무드를 가지고 밥상머리교육을 했지만 종교적·문화적 차이로 한계가 있었다. 그래서 대안으로 찾은 것이 신문이었다.

신문에는 정치, 문화, 경제, 사회, 복지, 트렌드 등 다양한 이슈들이 매일 쏟아진다. 거기다 매일 아침 배달되어 오니 이보다 더 좋은 교재는 없다. 무엇보다 좋은 점은 기사 하나를 선정해서 읽는데 5~10분 정도면 충분하다는 것이다. 동화책도 좋지만 읽는데 시간이 제법 걸리는 데다가 세상의 다양한 이슈들을 토론하기에는 한계가 있다(동화책을 이용한 질문법은 뒤에서 소개할 것이다).

대통령과 CEO 등 세상을 움직이는 리더들의 공통점은 아침 시간에서 발견된다. 그들 대부분은 매일 아침 종이신문으로 하루를 시작한다. 신문은 세상을 한꺼번에 들여다보는 창문이다. 인터넷이 있지만 편집된 기사인 데다 다양한 이슈를 제공하기보다는, 자극적인 기사 위주로 노출되기에 신문에 비할 바가 못 된다. 미국 대통령이었던 오바마가 유독 종이신문을 선호했던 이유이기도 하다.

••• 아이의 어휘력이 눈에 띄게 달라진다

신문을 읽기 시작하고 2년이 지난 지금, 자유와 찬유는 매일 신문기사 하나를 스크랩한다. 처음에는 낯선 단어들로 인해 읽기조차 힘들었지만 지금은 기사를 읽고 제목을 기자처럼 척척 바꾼다. 기자보다 제목을 더 잘 뽑아낼 때도 많다. 그로 인한 효과는 정확히 측정할 수 없다. 하지만 내가 직접 경험하고 관찰한 결과 어휘력, 읽기, 시사상식, 글쓰기, 대화능력, 토론능력의 역량이 커진 것은 확실하다.

그중 어휘력은 어휘를 풍부하게 구사하는 능력으로 얼마나 많은 단어를 아는지가 핵심이다. 아이들은 신문을 보면서 초등학교 교과서에는 나오지 않는 고급단어, 시사단어, 트렌드 관련 단어들을 알게 되었다. 요즘 지유와 찬유는 내가 읽는 책도 어렵지 않게 읽는다. 신문을 읽는 과정에서 어려운 단어가 나오면 검색해보거나 앞뒤의 글들을 보며 유추하는 능력이 생겼기 때문이다. 우리가 영어 독해를 할 때 모든 단어를 알지 못해도, 몇 개의 아는 단어로 유추해서 해석할 수 있는 것과 같다.

아이들은 매일 신문기사를 스크랩하면서 제목 바꾸기를 했고, 덕분에 글쓰기 능력도 향상되었다. 신문기자들은 글쓰기 트레이닝을 혹독하게 받는다. 그중 핵심은 주어 1개와 술어 1개로 문장을 구성하는 것이다. 즉 초등학생도 글의 의미를 쉽게 파악하도록 단순하게 글 쓰는 방법을 사수에게서 배운다.

보통 일반인들에게 글을 쓰라고 '하면 ~했고, ~했으며'라는 식으로 글을 두 줄, 세줄 늘여서 쓰는 경우가 많다. 그런 글은 한 문장에 여러 의미가 담겨서 읽고 나서도 무슨 글인지 이해하기가 어렵다. 지유와 찬유도 처음에는 그랬다. 그러나 지금은 누가 시킨 것도 아닌데 글을 보면 한 문장에 한 사실만 쓰고 있다. 글이 간결하다.

조정래 선생은 자전 에세이 《황홀한 글감옥》에서 글을 잘 쓰는 비결은 많이 읽는 다독(多讀) 40%, 많이 생각하는 다상량(多商量) 40%, 많이 쓰는 다작(多作) 20% 라고 했다. 아이들이 신문기사를 하나 읽는 데 걸리는 시간은 10분이다. 그러니 크게 스트레스받지 않고 자투리 시간을 이용해 매일 꾸준히 읽는다. 책을 매일 한 권 이상 읽으라고 했다면 쉽지 않았을 것이다. 덕분에 매일 신문기사를 하나씩 읽고 있으니 다독이라 할 만하다. 읽고 나서는 기자처럼 기사 제목을 다시 바꾼다. 그걸 하려면 기사를 집중해서 읽어야 하고, 깊게 생각해 글의 핵심을 파악해야 한다. 그게 바로 많이 생각하는 다상량이다. 기사 제목을 매일 바꾸어 쓰고 있으니 다작도 된다. 이보다 더 훌륭한 글쓰기 교육방법을 나는 알지 못한다. 지유와 찬유는 신문을 읽으며 자연스럽게 글쓰기를 익혔다.

유시민은 자신의 저서 《글쓰기 특강》에서 글 잘 쓰는 비법을 다음과 같이 밝혔다.

> 긴 글보다는 짧은 글쓰기가 어렵다. 짧은 글을 쓰려면 정보와 논리를 압축하는 법을 알아야 하기 때문이다. 가장 중요한 압축 기술은 두 가지다. 첫째, 문장을 되도록 짧고 간단하게 쓴다. 둘째, 군더더기를 없앤다. 문장을 짧게 쓰려면 복문을 피하고 단문을 써야 한다. 여기서 복문은 주술 관계가 둘 이상 있는 모든 형태의 문장이다. 간단한 원칙이지만 해보면 금방 효과를 느낄 수 있을 것이다.

고백하건대 나의 박사논문을 보면 대부분 글이 두 줄, 세 줄 늘어진 복문이다. 당연히 그 의미를 파악하기 어렵다. 박사논문이라고 하기에는 참으로 민망한 수준이다. 나는 본격적으로 책을 쓰면서 간결한 글쓰기 방식을 터득하게 되었다. 이유는 간단하다. 그래야 출판사의 눈에 들어서 출판이 가능하기 때문이다. 우리 아이들은 초등학생 때 이런 글쓰기의 핵심을 벌써 깨쳤다. 신문 읽기의 힘이 참으로 놀라울 따름이다.

●●● 글쓰기 능력, 대화 능력, 토론 능력을 키우는 핵심

대화와 토론능력은 신문을 함께 읽고 여러 질문을 나누다 보면 자연스럽게 커진다. 지유가 신문을 읽고 토론한 지 약 10시간 만에 "아빠! 토론하자"고 했던 말이 그것을 증명한다(일주일에 한 번씩 3개월 만에 벌어진 변화로, 실제로 토론한 것은 10시간 정도에 불과했다). 말하기를 싫어하던 내성적인 딸이 먼저 토론을 하자고 요청한 것은 그만큼 토론이 재미있었다는 말이다. 재미있는 걸 꾸준히 하다 보면 어느새 고수가 되는 것이 세상 이치가 아닌가.

하버드대를 포함해 세계 명문대학교에서 핵심으로 가르치는 세 가지가 있다. 바로 글쓰기, 대화하기, 토론하기이다. 당연히 이 세 가지를 잘하는 사람을 입학시킨다. 어릴 때부터 가정에서 부모와 활발한 대화와 토론을 하는 유대인들은 아이비리그 입학생의 30% 이상을 차지한다. 미국 대입시험 SAT 점수가 낮은 유대인들이 유독 아이비리그 합격률이 높은 것은 글쓰기 능력과 대화하고 토론하는 능력이 뛰어나기 때문이다.

왜 세계적 명문대학교에서는 이 세 가지를 잘 하는 학생을 뽑고 또 그걸 가르칠까? 이들 능력이 인류발전에 가장 큰 역할을 했기 때문이다. 또한 새로운 발견과 발명을 하는 데 가장 효과적인 공부방법이기 때문이다. 어디든 마찬가지다. 글쓰기, 대화하기, 토론하기를 잘하는 사람은 어디서든 조직을 이끄는 리더가 된다. 가정에서 아이와 신문을 읽고 토론하는 것은 집에서 하버드 수업을 하는 것과 다를 바 없다.

신문 읽고 토론을 하면서 우리 아이가 이렇게 변했어요!

나는 2017년부터 전국을 다니며 특강을 통해 신문을 읽고 토론하는 스킬을 알려주고 있다. 특강을 다니며 공통적으로 듣는 질문이 있다.

"교수님이니까 가능한 거 아닌가요?"

"아이가 이제 겨우 일곱 살인데 가능할까요?"

이에 대한 답은 실제 내 강의를 듣고 집에서 직접 실천한 엄마들의 이야기로 대신하려 한다. 아래의 후기는 사전에 허락을 받고 녹음한 것을 글로 옮긴 것이다.

••• 눈앞에서 아이가 달라지는 놀라운 경험 : 7살 아이의 사례

아이 아빠하고 저하고 셋이서 신문을 돌아가면서 읽기 시작했어요. 틀리면 그다음 사람으로 읽는 기회가 넘어가도록 했는데 아이는 아직 읽는 게 너무 서툴기 때문에 틀려도 세 번의 기회를 주기로 했어요. 아이 입장에서는 처음 들어보는 단어가 너무 많잖아요, 신문도 생애 처음 접해보고……. 아이가 읽다가 갑자기 "이건 무슨 뜻이에요?"라고 물어보더라고요.

기사 주제가 6·25전쟁이었어요. 현시점에서 기사를 쓴 거라 전쟁의 배경을 설명해줄 수밖에 없더라고요. 왜 지금 남북이 나뉘었고, 현재는 도대체 어떤 상태인지 등 아이에게 한반도의 현 상태를 설명해주게 되었어요.

그러고 나서 다시 읽기 시작하는데 처음 읽을 때는 되게 서툴렀거든요. 그런데 틀리면 그다음 사람으로 패스가 되잖아요. 아이가 딱 욕심이 생긴 거예요. 틀리지 않으려고 집중에서 읽다가 중간부터는 너무 잘 읽기 시작했어요. 남편과 눈앞에서 그 모습을 보고 너무 놀랐어요. 아! 효과가 바로 나타나는구나. 정말 놀라운 경험을 했어요.

●●● 가족이 함께하는 지적 대화의 힘 : 8살 아이의 사례

아이가 8살, 5살이에요. 강의를 들은 후, 집에 가서 남편에게 신문을 이용해 대화 나누는 방법을 알려줬어요. 남편도 해보자고 해서 주말에 아침밥을 먹고 하기 시작했어요. 남편이 애들이랑 신문을 같이 보면서 처음부터 끝까지 헤드라인만 쭉 읽었거든요. 중간에 애들이 궁금한 걸 질문하더라고요. 그러면 남편이 대답해주었어요.

그런 식으로 다 읽고 나서 아이들에게 가장 관심 있는 기사를 물어봤어요.

북한 미사일과 관련된 기사를 언급하며 미사일이 뭐냐고 질문하더라고요. 그래서 아이 아빠가 미사일이 무엇이며, 왜 필요하고, 미사일을 쏘면 어떻게 되는지를 설명했어요.

모르는 단어가 정말 많더라고요. 애들이 "엄마! 이런 단어는 처음 봤는데……. 신문에는 이런 단어가 나오는 거야?"라며 신기해했어요. 남편과 저도 잘 모르는 단어는 네이버에서 같이 검색해서 알아보고 서로 이야기 나누다 보니까 한 시간이 금방 갔어요. 제가 느낀 건, 이렇게 하면 아이들 어휘력이 정말 많이 늘겠구나, 라는 거예요. 무엇보다 가족이 모여서 대화 나누는 그 시간이 정말 소중했어요. 깔깔깔 웃기도 하고, 애들은 손뼉치면서 좋아하고요. 그런 경험을 처음 했는데 스스로 정말 뿌듯했어요.

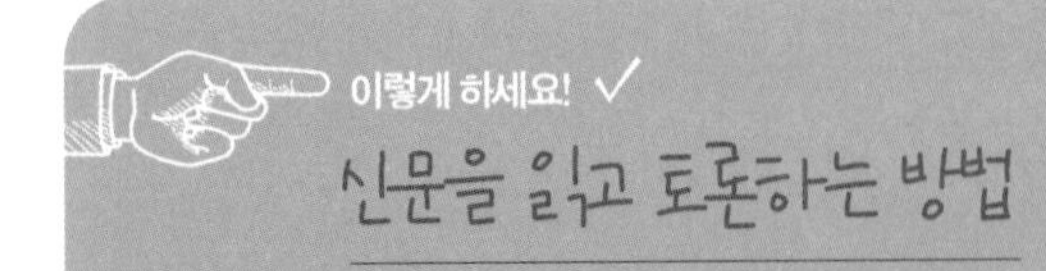

신문을 읽고 토론하는 방법

- **신문을 아이와 함께 나눠서 읽는다.** 문단별로 나눠 읽어도 되고, 읽다가 틀리면 다음 사람으로 넘어가는 게임식으로 진행해도 좋다. 신문기사 선정은 아이에게 선택권을 주는 것이 좋다.
- **신문을 읽는 동안 또는 읽고 나서 핵심 키워드를 적도록 한다.** 어린 아이들은 모르는 단어를 적는 경우가 많다.
- **왜 그 단어를 골랐는지 질문하면서 대화를 시작한다.**
  이때 '단어의 뜻은 무엇인가?', '어떤 경우에 사용하는가?' 등 단어와 관계된 여러 질문으로 대화를 나눈다. 특히 단어의 경우 한자가 많기 때문에 아이에게 '무슨 한자일까?' 등 추측해보는 질문을 하는 것이 아이의 사고력과 어휘력 향상에 매우 중요하다. 이러한 질문을 자주 받다 보면, 아이는 그 단어의 한자를 정확히 몰라도 유추하는 힘이 생긴다. 만약 부모가 단어의 정확한 뜻을 모른다면 아이에게 스마트폰으로 검색해보라며 권유한다. 아이가 스마트폰을 활용해 지식을 검색하고 찾는 연습을 하도록 유도하는 것이다.
- **신문기사에 대한 질문을 함께 쓰고 토론한다. 아이가 질문 만드는 걸 어려워하면 기사 제목이나 문장의 끝을 의문형으로, 즉 '~까?'로 바꾸면 된다.**
  질문을 쓸 여건이 안 될 경우는 바로 질문하고 대화한다. 아이가 질문에 대하여 대

문장 끝을 의문형으로!

답하지 못하면 부모가 기사와 관련된 적당한 질문을 던지고 대화를 시작하면 된다.

- **기사 제목 바꾸기를 하고, 왜 그렇게 바꿨는지 질문한다.**

여기서 주의할 점은 위의 5가지 단계를 모두 아이와 함께해야 한다는 것이다. 아이만 핵심단어를 적고, 질문을 만들고, 기사 제목 바꾸기를 하는 것이 아니다. 그러면 아이는 공부로 인식하게 된다. 아이가 하나의 놀이로, 재미로 인식하도록 부모도 함께 고민하면서 진행해야 한다. 아이가 어리다면 신문기사를 다 읽을 필요가 없다. 기사 제목만 읽거나 신문에 나오는 사진을 활용해 대화해도 좋다.

실제 사례로 배우기

작지만 확실한 행복, 소확행

아침에 여유롭게 일어나 밥을 먹고 10시부터 주말토론을 시작했다. 아이들에게 신문기사 선택권을 주었다. 지유는 '뛰면서 쓰레기 줍기도 소확행, 놀이처럼 즐겁잖아요'를 골랐고, 찬유는 '6분 30초마다 스마트폰 꺼내 드는 현대인'에 관한 기사를 골랐다. 이럴 때는 가위바위보가 최고다. 지유가 이겨서 '소확행, 작지만 확실한 행복'으로 오늘의 주제를 선정하였다.

기사의 주요 내용은 소확행의 다양한 실천 사례를 소개하는 것이었다. 부산 광안리에 사람들이 모여 조깅을 하면서 쓰레기를 줍는 플로깅, 아이스버킷 챌린지(얼음물을 뒤집어쓰는 루게릭환자 돕기 운동), 비치코밍(빗질하듯 바닷가의 쓰레기를 모으는 작업) 페스티벌 참가 등 여러 이야기들이 나왔다. 기사는 '트렌드리더'라는 제목을 걸고, 우리 사회의 트렌드를 매주 기획연재하는 것이었다.

아빠 기사가 한 면 전체를 꽉 메우고 있네. 세 문단씩 나눠서 읽으면 좋겠다. 가위바위보로 순서를 정할까? (엄마, 지유, 아빠, 찬유 순으로 정해졌다.) 읽고 듣는 동안에 각자 노트에 핵심 키워드를 적어 보자. 자! 그럼 엄마부터 읽어 주세요.

아이들이 기사를 읽고 듣는 동안에 핵심 키워드를 적게 한 것은 집중력과 내용의 핵심을 파악하는 능력을 키워주기 위해서다.

아빠 (다 읽고 나서) 지유는 무슨 키워드를 적었니?

지유 플로깅을 적었어.

아빠 플로깅은 무엇과 무엇을 합친 합성어였지?

지유 픽업과 조깅!

엄마 좋은 아이디어인 것 같아. 생활 속에서 축제를 만들어서 봉사를 즐기는 거니까 의미도 있고. 우리도 해볼까?

찬유 해보자, 엄마! 재미있겠다.

아빠 그래 우리도 한 번 해보자. 꼭 축제가 아니더라도 우리 가족끼리 하면 되지. 플로깅은 픽업하고 조깅의 합성어인데, 조깅 말고 다른 것으로 합성어를 만들어보자. 뭐가 있을까?

찬유 걸으면서.

아빠 좋아. 걸으면서 하는 건 뭐라고 하면 좋을까? (대답 없음) 걷는 건 영어로 뭐라고 하지?

지유 워킹! 그러면 픽워킹!

아빠 (하이파이브) 그거 좋다. 픽워킹! 건강이 안 좋은 할머니, 할아버지들은 달리는 게 힘드니까 픽워킹 하면 좋겠다. 걷고, 뛰고……. 또 뭐가 있을까?

지유 자전거!

아빠 자전거 타는 걸 영어로 뭐라고 하지?

지유 라이더.

엄마 픽 라이더 바이시클?

아빠 그건 좀 기니까 줄여서 해보자.

지유 라이덜. 픽라덜……. 피기덜.

찬유 그런데 자전거 타다가 쓰레기 줍는 건 힘들어.

아빠 그럼 자전거 말고 뭐가 좋을까?

지유 인라인! 픽라인!

아빠 (하이파이브) 오케이. 다음 키워드는 뭘 적었어?

지유 라이프 스타일.

엄마 라이프 스타일이 뭐야?

지유 삶의 스타일?

아빠 스타일은 뭐야?

지유 으음……. (한참 고민한 후에) 방식.

아빠 그럼 라이프 스타일은 뭐야?

지유 삶의 방식.

••• 일상 속에서 소확행을 실천하려면?

아빠 소확행을 하려면 삶의 방식이 어떻게 바뀌어야 할까?

찬유 배려? 배려가 필요해. 지나가다가 쓰레기 줍는 게 배려인데, 그것도 소확행이 되잖아.

엄마 엄마는 여유가 필요할 것 같아. 바쁘면 행복을 느낄 수 없잖아. 좀 느긋한 여유가 있어야 행복감을 느낄 수 있어.

아빠 난 실천하는 삶. 아무리 좋은 소확행이라도 실천해야 느낄 수 있으니까. 지유는 뭐가 있을까?

지유 같이하는 거. 가족과 친구와 같이하면 더 좋아.

아빠 찬유는 좋은 일을 친구랑 같이하는 게 좋을까, 혼자 하는 게 좋을까?

찬유 당연히 같이하는 게 좋지. 현호랑 한결이랑 같이 할 거야.

아빠 기쁨은 나누면 배가 되고, 슬픔은 나누면 반으로 준다는 말이 있어. 소확행도 함께 하면 행복이 배가 될 것 같다. 찬유는 키워드로 뭘 적었니?

찬유 색다른 경험.

엄마 최근에 색다른 경험을 해본 적이 있니?

찬유 보드를 배웠는데 색다른 경험이었어. 이제 방향 전환하는 것도 할 줄 알아.

아빠 찬유는 그게 소확행이었니?

찬유 응, 요즘은 친구들하고 축구하고 보드 타는 게 제일 좋아.

아빠 찬유는 또 뭘 적었니?

찬유 피할 수 없으면 즐겨라.

아빠 신문기사에 그런 내용이 있었니?

지유 응, 있었어.

●●● 소확행을 위해 가져야 할 마음가짐

엄마 피할 수 없으면 즐길 수 있을까?

지유 난 못해.

아빠 왜 못한다고 생각해?

지유 내가 싫어하는 거니까 피하는 건데, 그걸 즐길 수는 없어.

아빠 지유가 싫어하는 데 해야 하는 일로는 뭐가 있을까?

지유 공부.

아빠 그럼 지유가 공부할 때 '싫어! 싫어!' 하며 하는 것과, 어차피 해야 되는 거니까 '집중해서 빨리해야지' 하는 것 중 어떤 마음이 좋아?

지유 음, 집중해서 빨리하는 것.

아빠 집중해서 빨리하면 마음이 어떨까?

지유 뿌듯해.

엄마 사람이 살면서 자기가 하고 싶은 것만 하면서 살 수 있을까?

지유 아니, 그건 힘들어.

아빠 어떤 사람이 병에 걸렸어. 이 사람은 이미 병에 걸렸기 때문에 병을 피할 수는 없어. 그러면 이 사람은 어떤 마음을 가져야 할까?

찬유 약을 먹고……. 나아야 한다는 마음. 간절히 원하면 이뤄진다는 마음.

아빠 (하이파이브) 좋은 말이다, 찬유야. 지유는 어떤 마음을 가지면 좋을 것 같아?

지유 행복한 마음.

아빠 아빠가 2011년에 실제로 경험한 이야기를 해줄게. 그때 아빠가 기침이 심해서 동네병원에 갔는데 폐결핵이라는 거야. 설마 해서 서울아산병원에 가서 정밀진단을 받았는데 결핵균이 나와서 확진을 받았어. 눈앞이 깜깜해졌어.

찬유 왜? 폐결핵이 뭔데?

아빠 우리가 숨 쉬는 폐 있지? 그 폐에 병이 생긴 거야. 약을 무려 6개월이나 먹어야 하고, 전염병이어서 직장에도 못 나가. 혼자 격리되어 있어야 해. 그때 지유가 6살이고, 찬유가 4살이었어. 그래서 아빠만 집에 있고 엄마와 너희는 할머니 집으로 갔지. 그때 정말 우울했어. 그런데 아빠가 이렇게 있으면 안 되겠다 싶어서 뒷산에 가서 심호흡을 몇 시간 하고 마음을 차분하게 가라앉히고 산책을 계속했거든. 마음속으로 금방 낫는다는 생각을 하면서 이틀을 그렇게 했었어. 신기하게도 기침이 안 나와서 병원에 가서 다시 검사를 받았는데 폐결핵이 거짓말처럼 사라진 거야. 그때 깨달았지. 어떤 불행이 있어도 마음을 긍정적으로 먹는 것이 참 중요하구나. 이제 다시 물어볼게. 피할 수 없으면 즐길 수 있을까?

지유 응, 있을 것 같아.

찬유 나도!

••• 기사를 이용해 새로운 질문 만들기

아빠 우리가 읽은 기사를 이용해 질문을 만들어 볼까? (5분 정도 시간이 흐름) 지유는 어떤 질문을 썼니?

지유 '아이스버킷 챌린지는 차가운데 성취감을 느낄까?', '사람마다 소확행의 기준이 다른 이유는?'

찬유 '플로깅은 소확행일까?', '진정한 소확행의 뜻은?', '소확행은 왜 사람을 행복하게 하는가?'

엄마 '우리가 집에서 할 수 있는 의미 있는 소확행은?', '환경을 생각한 재미와 의미가 있는 소확행은 또 뭐가 있을까?', '우리 가족의 소확행은?', '피하고 싶었는데 어쩔 수 없이 즐기고 있는 것은?'

아빠 '소확행이 오래 갈까?', '내가 많이 하는 소확행은?', '소확행이 왜 트렌드일까?', '소확행의 장점과 단점은?', '소확행과 재미의 관계는?', '대확행은 뭘까?'

엄마 지유의 질문이 좋던데 그걸로 먼저 이야기해볼까? 사람마다 소확행의 기준의 다른 이유는 뭘까?

찬유 사람마다 생각이 다르니까.

지유 사람마다 느끼는 감정이 달라서.

엄마 사람마다 좋아하는 게 다르니까.

아빠 사람마다 살아온 배경과 환경이 달라서 그런 것 같아. 특히 빈부격

차. 가난한 사람은 피자 한 조각을 먹어도 행복하지만, 부자에게 피자 한 조각을 주면 정크 푸드라고 생각할 수 있거든. 돈이 부족한 사람은 돈과 관계된 소확행이 많을 것 같아.

아빠 왜 소확행이 트렌드일까?

엄마 자기만의 개성이 중요한 시대니까, 나의 행복이 중요해.

찬유 작지만 확실하니까.

아빠 그러네. 큰 행복은 언제 올지 알 수 없으니까 사람들이 작고 확실한 행복을 찾는 거 같아.

지유 소소한 행복이 많이 모이면 큰 행복이 되니까.

아빠 지금 한국사회에는 불행한 사람들이 많아. 행복지수가 굉장히 낮거든. 행복을 느끼고 싶은데 너무 멀리 있는 거야. 그래서 작은 행복이라도 느껴보고 싶은 사람들이 소확행을 찾는 것 같아. 이번에는 찬유의 질문을 갖고 토론해보자. 진정한 소확행은 뭘까?

지유 자기가 행복감을 느끼는 것. 내가 좋아하는 걸 하면 흥분되는 기분.

지유 난 하나씩 성취해가는 것과 여유가 있는 상태.

찬유 흥미를 느끼는 것이 소확행이야.

아빠 마음이 뿌듯해지는 거라 생각해. 그리고 걱정이 없는 상태. 이번에는 엄마의 질문으로 해보자. 타인과 공유하고 싶은 소확행은?

찬유 가족 토론하는 것. 재미있어.

지유 인쇄용 스티커 수집하고 교환하는 걸 공유하고 싶어.

엄마 지유는 동영상을 찍어서 유튜브에 올리고 있으니까 이미 공유하고 있는 거네.

찬유 친구와 일일캠핑. 그것도 경험이니까 여름방학 때 하고 싶어.

아빠 사랑하는 사람들, 가족과 함께 산책하는 거. 아빠는 산책을 하면 마음이 치유돼.

찬유 그래서 엄마 별명이 산책이야?

아빠 응, 아빠 휴대폰에 엄마가 산책으로 저장돼 있잖아. 2003년부터 그렇게 했으니까 벌써 15년이나 됐구나. 엄마는 아빠한테 산책 같은 존재야.

찬유 아빠! 나 휴대폰에 힐링 앱 깔았어. 그 앱을 실행하면 좋은 음악이 나와서 힐링돼. 엄마 아빠도 깔아 봐.

아빠 찬유는 그 앱을 어떻게 알게 됐어?

찬유 실수로 카카오톡이 없어져서 새로 깔았는데 구글 스토어에서 그걸 보고 깔았어.

아빠 좋은 정보 감사합니다, 찬유 씨! (웃음)

••• 나만의 소확행 버킷리스트 적어보기

아빠 와! 벌써 1시간 20분이 지났네. 다른 질문들은 다음 밥 먹을 때 다시 하고, 마지막으로 소확행 버킷리스트 적어보자. 내가 해보고 싶은 소확행을 적으면 되는 거야.

엄마의 버킷 리스트

요리 배우기(손님 초대하여 맛있는 음식 대접하기), 혼자 여행가기, 가구공방에서 가구 제작 배우기, 모녀 해외여행, 지유랑 댄스 배우기, 친구와 여행 가기, 우쿨렐레 배우기, 여유롭게 책 읽기

찬유의 버킷 리스트

친구와 캠핑 가기, 아이언맨·스파이더맨 레고 사기, 마리모(일본의 천연기념물로 둥글게 생긴 녹조류) 사서 키우기, 가족과 호주여행 가기, 2층 침대 사기, 동그란 안경 사기, 하와이 수영장 가보기

아빠의 버킷 리스트

가족과 산책하기, 제주도 도보 여행 가기, 매일 새벽 5시에 일어나서 글쓰기, 여유롭게 책 읽기, 지금 쓰고 있는 책 다음 달까지 완성하기, 자전거 여행 가기

아이폰 사기, 엘 어스풀(액체괴물을 만드는 데 필요한 풀) 사기, 미국·이탈리아·일본 여행하기, 인쇄용 스티커 더 많이 모으기, 마리모 키워보기, 친구와 캠핑 가기

아빠 지유와 찬유의 버킷리스트에는 물건을 사는 게 많구나. 이렇게 사

는 행복이 오래갈까?

찬유 마리모는 오래 가. 마리모를 키우면서 친구가 될 수 있잖아.

엄마 그렇네. 마리모랑 친구가 되면 그 행복이 오래 갈 수 있겠구나.

지유 아이폰도 오래 가.

아빠 그럼 이렇게 생각해보자. 물건을 샀을 때 생기는 행복감은 오래 갈까?

찬유 오래 가지 않아. 물건을 살 때는 행복한데 금방 없어져.

지유 시간이 갈수록 행복감이 줄어들어. 그런데 마리모는 키우는 행복이 있어서 오래 가고, 아이폰은 살 때와는 다르게 사용하면서 생기는 행복감이 계속될 수 있어.

아빠 그럴 수 있지. 그건 지유 말이 맞아. 찬유는 레고를 사면 행복이 얼마나 갈 것 같니?

찬유 5학년 때까지. (웃음)

아빠 아들! 네가 생각해도 그건 아닌 것 같지? 아빠의 경험으로는 물건을 사서 생기는 행복감은 시간이 지나면 점점 사라졌어. 그런데 어쩌면 그게 진짜 소확행이 아닌가라는 생각도 들어.

엄마 그래, 그 순간만큼은 확실하게 행복을 느끼니까.

••• 기사 제목 바꾸고 한 줄 평 하기

토론은 제목 바꾸기 겸 한 줄 평을 쓰면서 마무리한다. 오늘의 토론을 스스로 돌아보고, 전체를 아우르는 한 줄의 글로 핵심을 요약하는 것이다.

찬유 우리의 소확행은 얼마나 오래 갈까?

엄마 소확행이 모이면 대확행이 된다.

지유 달리면서 쓰레기 줍기, 나도 한 번 도전!

아빠 바로 실천할 수 있는 게 소확행!

••• 토론할 때는 마인드맵을 이용하자

우리 가족은 토론을 할 때 A4지에 마인드맵을 그리며 한다. 두뇌를 활성화시키고 집중력을 높이기 위해서이다. 마인드맵은 옥스퍼드 대학교의 정규 필수과목이다. 마인드맵을 하면 텍스트 등 논리와 관련한 좌뇌, 그림 등 감성과 연결된 우뇌가 동시에 활성화된다. 뿐만 아니라 아이들과 토론을 하다 보면 산만해질 때가 많은데, 글을 쓰고 선을 그리다 보면 집중력이 생기는 걸 경험할 수 있다.

다음 페이지에 실린 우리 가족의 마인드맵을 보면 알겠지만 특별할 것은 없다. 그저 토론하는 내용을 간단히 메모한다고 생각하면 된다.

신문을 보면 과거의 이야기보다는 현재 사람들의 살아가는 이야기가 다양하게 나온다. 그게 신문이 주는 매력이 아닐까 싶다. 거의 모든 사람들의 삶의 목표는 행복이 아닐까? 그러다 보니 행복에 대한 기사도 참 자주 나온다. 앞서도 말했지만, 행복도 습관이다. 자주 행복에 대해 생각하고 대화하면 조금 더 행복해지리라 믿는다. 이날, 나는 아이들과 주말토론을 하면서 작지만 확실한 행복을 느꼈다. 독자 여러분께서도 해보시라. 작지만 확실할 행복을 체험할 것이다.

우리 가족의 마인드맵

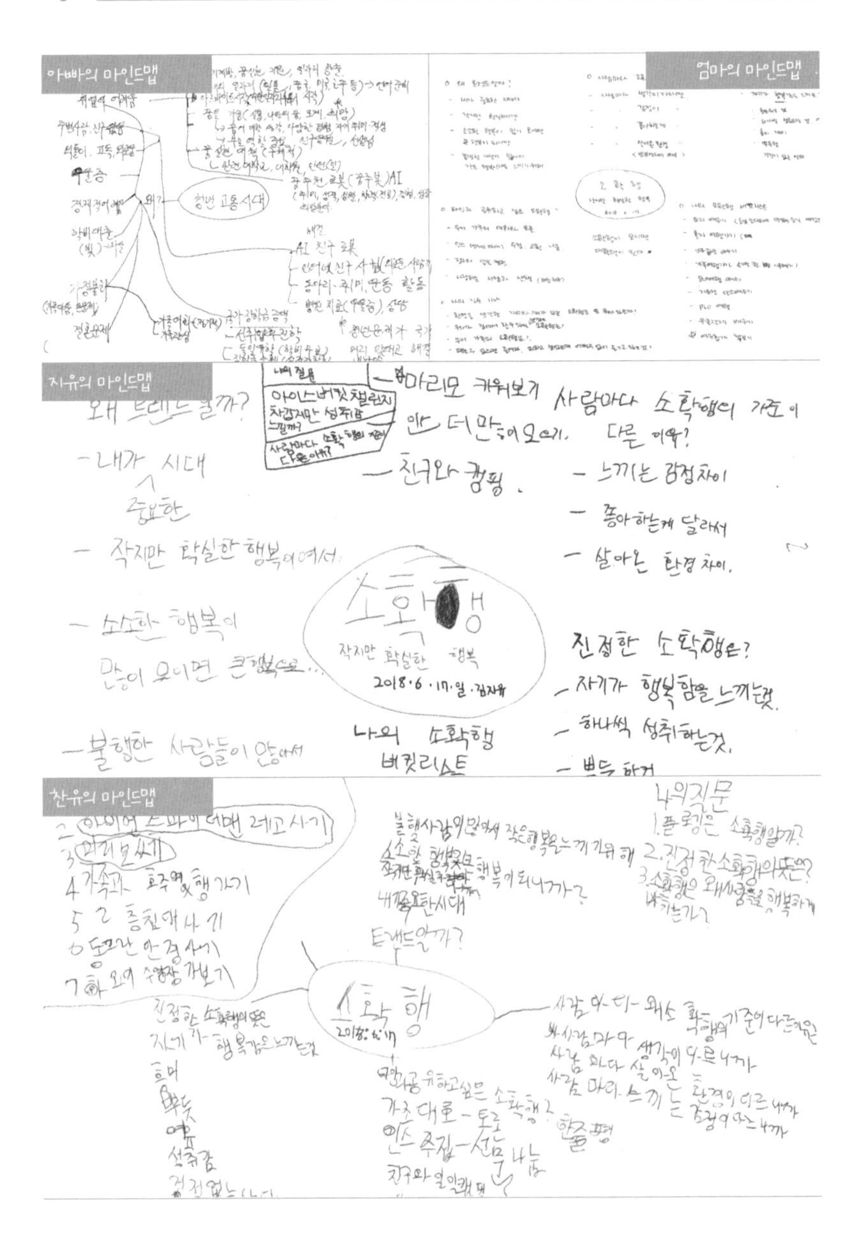

아빠의 마인드맵
청년 고용시대
AI 친구 로봇
엄마의 마인드맵
소확행
지유의 마인드맵
왜 트렌드일까?
내가 중요한 시대
작지만 확실한 행복이여서
소소한 행복이 많이 모이면 큰 행복으로...
불행한 사람들이 많아서
아이스버킷챌린지
친구와 캠핑
사람마다 소확행의 기준이 다른 이유?
느끼는 감정차이
좋아하는게 달라서
살아온 환경 차이.
소확행
작지만 확실한 행복
2018.6.17.일.김지유
진정한 소확행은?
자기가 행복함을 느끼는것.
하나씩 성취하는것.
나의 소확행 버킷리스트
찬유의 마인드맵
나의 질문
1. 플로깅은 소확행일까?
2. 진정한 소확행의 뜻은?
소확행
진정한 소확행의 뜻

9

오랜 기간 그 효과가 입증된
유대인들의 공부법

지적 호기심과 공부 두뇌를 깨우는 질문으로 토론하기

스스로 공부하고 찾아서 토론하는 아이로 키우는 비결

아이의 생각을 키우는 데는 토론만 한 것이 없다. 사람은 누구나 자신만의 렌즈로 세상을 바라본다. 생각의 프레임도 제각기 사이즈가 다르다. 사람의 렌즈와 프레임은 결국 생각에서 나온다. 작은 렌즈로 바라보는 사람에게 세상은 내 주위를 둘러싼 작은 공간에 불과하다. 그러나 큰 렌즈로 세상을 바라보는 사람은 지구 너머 미지의 세계까지 바라본다.

그렇다면 어떻게 세상을 바라보는 렌즈를 키우고 생각의 프레임을 확장시킬 수 있을까?

지식이다. 우선 지식이 많아야 한다. 지식이 축적되면 지식을 융합해 자신만의 새로운 지혜를 만드는 힘이 생긴다. 지식은 학습과 경험을 통해 쌓인다. 아이의 사고력과 창의력도 결국 축적된 지식에서 나온다. 지식을 축적하는 학습방법에는 여러 가지가 있다. 강의 듣기, 책 읽기, 이러닝, 영상 보기, 암기하기, 체험학습, 토론하기다. 이 중에서 가장 효율적인 학습방법은 토론하기다.

토론에는 찬성과 반대로 나뉘어 상대방을 설득하는 찬반토론이 있고, 서로 협력하여 문제를 해결하는 협력토론이 있다. 나는 아이들과 주로 협력토론을 한다.

••• 토론은 가장 좋은 공부방법이다

교육학자, 행동과학자들은 토론이 가장 좋은 공부방법이라는 것을 실험결과로 증명해왔다. 가장 신뢰성 있고 오래된 사례는 유대인이다. 그들은 '하브루타'라는 토론방법을 밥상머리교육으로 대대로 전수하고 있다. 하브루타는 둘 이상의 사람들이 짝을 지어서 질문하고 대화하는 방법이다.

세계 10대 부자와 기부자 목록을 보면 매해 유대인이 8명을 넘는다. 아이비리그에서는 전체 교수의 30%, 입학생의 30% 이상이 유대인이다. 노벨상 수상자 중에서도 유대인의 비율이 가장 높다. 무려 30% 이상이다. 이들의 힘은 어디에서 나오는가? 바로 하브루타이다. 한국의 모든 가정이 김치를 밥상에 올리듯이 유대인의 모든 가정은 매일 하브루타를 한다. 그것도 모자라 안식일마다 집중 하브루타를 한다.

유대인들은 2천 년 동안 디아스포라를 겪고 떠돌아다니면서도 하브루타로 자신의 정체성을 지키고 지구상 가장 강력한 민족공동체를 이루고 있다. 그들이 자녀에게 위대한 유산으로 남기는 것은 부와 권력이 아니다. 가장 효율적으로 지식과 지혜를 얻는 토론 기반의 공부방식인 하브루타이다.

'예시바'라고 하는 유대인의 도서관에 가면 아주 시끄럽다. 귀가 아플 지경이다. 둘씩 짝을 지어 책의 내용을 아주 큰 소리로 떠들며 토론한다. 짝은 서로 모르는 사람이 대부분이다. 그냥 도서관의 빈자리로 가서 옆 사람과 토론하며 공부하는 이러한 방법은 유대인들의 아주 오래된 전통이다. 그들은 토론하며 책의 내용을 완전히 흡수한다. 책을 읽으며 지식을 수동적으로 흡수하는 것이 아니라 짝과 서로 설명하고 토론하며 입체적으로 학습한다. 책뿐만 아니라 토론하고 있는 상대방의 지식까지 함께 습득하는 방식이다. 이러한 과정을 거치면 지식은 지혜로 변화된다. 한국인보다 월등하게 적은 공부시간으로 노벨상을 휩쓸고 있는 유대인들의 비결은 토론으로 가장 효율적인 학습을 하는 것이다.

●●● 세계 명문대학들의 공부방식

하버드를 포함한 아이비리그의 수업방식은 거의 모두 토론이다. 1636년 개교 이래 그동안 하버드가 얼마나 많은 수업방식을 적용해 보았겠는가? 다양한 수업방식에서 지금까지 살아남은 것이 토론이다. 암기가 최고의 공부방법이라면 지금 하버드의 학생들은 토론이 아니라 암기를 하고 있을 것이다. 질문을 통해 서로 토론하는 방식이 세계적인 인재를 양성하는 데 가장 좋은 방법이라는 것을 하버드가 입증하고 있다.

2014년에 개교한 미네르바스쿨은 요즘 하버드보다 더 들어가기가 어렵다고 한다. 미네르바스쿨의 수업방식은 100% 토론방식으로 진행된다. 세계 최고의 대학들은 왜 모두 토론으로 수업을 하는가? 토론이 지식과 지혜를 얻기에 가장 좋은 방법이기 때문이다.

••• 토론이 아이의 공부방식을 바꾸다

내 딸 지유는 수줍음이 많고 말을 잘 하지 않는 내성적인 아이다. 걸음마를 배울 때도 그랬고, 말을 배울 때도 그랬다. 어른이 되어서도 그럴 거라 생각했다. 그러나 지유는 변했다. 너무도 많이 변했다. 그런 변화의 힘은 어디서 시작되었는가? 앞서도 말했듯, 3년 전에 시작한 주말토론 때부터였다. 10차례 정도 토론을 하고 나서 수줍게 웃으며 '토론을 하자'고 먼저 제안을 해왔다. 그때 깨달았다. 인간은 누구나 말하고 싶어 하는 본능이 있다는 것을. 그날 나는 감격하여 굳게 다짐했다. 무슨 일이 있어도 주말토론만큼은 지키겠노라고.

돌이켜보면 3년 동안 주말토론을 하지 않은 것은 딱 한 번이었다. 생애 처음으로 아이들과 유럽 여행을 갔었는데 그때 주말이 껴있어서 어쩔 수 없이 토론을 걸렀다. 3년 동안의 토론은 우리 지유의 공부방법도 바꿔 놓았다. 요즘 지유는 자신이 가장 어려워하는 수학을 공부할 때 혼자 선생님이 되어서 문제를 설명하며 풀고 있다. 맹세컨대 누가 시킨 것이 아니다. 스스로 시작한 방법이다. 나는 그 원인을 주말토론이라고 생각한다. 얼마 전부터는 누나를 따라서 찬유도 그렇게 하고 있다.

••• 토론은 질문으로 시작되고, 질문은 아이를 성장시킨다

토론은 질문에서 시작된다. 소크라테스는 질문을 통해 아테네 청년들이 아는 것과 모르는 것을 스스로 자각하도록 만들었다. 소크라테스는 질문으로 아테네 시민들을 진리로 이끌었다. 소크라테스의 질문법이 점차 확산되어 그리스인들의 새로운 가치관을 만들었고 찬란한 헬레니즘 문명을 탄생시켰다. 소크라테스의 '왜'는 '무엇을', '어떻게'에 대한 구체적인 답을 낳았다. 이후 과학, 철학, 의학, 법학 등 학문들이 생겨났다. 그래서 소크라테스의 질문법을 산파술이라고 한다. 질문으로 사람의 진리를 낳고, 문명을 탄생시킨 산파 역할을 했다는 뜻이다.

이 책의 제목처럼 '아이는 질문으로 자란다'. 부모가 질문을 하면 아이는 생각을 시작하고, 답하기 위해 세상을 관찰한다. 관찰은 깊게 생각하는 성찰의 과정을 거쳐서 깨달음의 경지인 통찰에 이른다.

이 모든 것의 시작은 질문이다. 그래서 아이의 성장을 위해 질문이 가장 중요한 것이다. 내가 오랫동안 질문에 천착하여 온 까닭이자 이 책을 쓰는 이유이기도 하다.

이렇게 하세요! ✓

질문을 이용해 아이와 토론하는 방법

- **아이와 찬성과 반대의 생각을 나눌 수 있는 토론주제를 선택한다.** 주제는 신문기사, 뉴스, 동화, 책에서 찾되 '초등학생 스마트폰 사용' 등 아이와 토론이 가능한 주제를 고르는 것이 좋다. 이때 토론주제에 관한 자료를 먼저 보고 토론을 하는 것이 중요하다.
- **아이에게 찬성하는지, 반대하는지 질문한다.**

  (아이가 찬성과 반대의견을 표현 가능한 경우) **부모와 아이가 찬성과 반대로 역할을 나누고 의견을 질문한다.** 이후 찬성과 관련하여 장점과 단점을 질문하고 함께 대화한 후, 또다시 반대에 대한 장점과 단점을 질문하고 함께 대화한다.

  (아이가 찬성과 반대 의견을 내는 게 어려운 경우) **부모와 함께 찬성에 대하여 어떻게 생각하는지 함께 대화한다.** 그다음 반대에 대하여 어떻게 생각하는지 함께 대화한다. 이후 찬성의 장점과 단점을 질문하고 함께 대화하고, 또다시 반대의 장점과 단점을 질문하고 함께 대화한다.

실제 사례로 배우기

양심적 병역거부자의 대체복무 문제, 어떻게 봐야 할까?

2018년 7월 헌법재판소는 대체복무 없이 양심적 병역거부자를 처벌하는 것은 위헌이라고 판결하면서, 대체복무를 만들라고 정부에 주문했다. 이에 따라 양심적 병역거부자의 대체복무 찬성과 반대 의견이 격하게 대립하고 있다. 병역은 우리 아이들에게도 해당하는 것으로 주말토론주제로 선택했다. 다소 어려운 주제라 찬반토론이 아닌 아이들이 의견을 이끌어내는 브레인스토밍 협력토론으로 진행하였다.

아빠 (한 문단씩 돌아가며 다 읽은 후) 우리가 대체복무를 찬성하는 사람이 되어서 반대하는 사람들을 설득해보자. 찬성하는 이유가 뭘까?

찬유 군대를 거부하는 사람들이 감옥에 가는 대신에 다른 일을 하는 게 좋으니까.

엄마 현역복무하는 사람과 형평성을 맞추면 좋겠어. 그러나 최악의 방식인 감옥이 아니라 다른 일을 하며 형평성을 맞추자는 거지.

아빠 또 뭐가 있을까? (대답을 못함) 양심적 병역거부를 찬성하는 사람들의 입장에서 생각해보자. 왜 그들은 찬성을 하지?

찬유 종교를 인정하는 거야.

지유 종교의 자유를 인정하는 거야.

엄마 그래. 거기에 하나 덧붙이면 사람의 양심을 인정해야 해.

아이들이 질문에 답하지 못할 경우, 다른 방향에서 생각해볼 수 있도록 유도한다.

아빠 난 그게 인권이라고 생각해. 인권이 뭐지?

지유 사람 인(人)에 권리 권(權)?

아빠 (하이파이브) 좋아. 풀어서 말하면 무슨 뜻이지?

찬유 사람의 권리.

아빠 사람마다 생각이 다르고 가치관이 다르잖아. 이번에 헌법재판소에서 그걸 인정해줬다는 것은 그만큼 우리 사회가 성숙하다는 거야. 만약에 북한에서 양심적 병역거부를 한다면 어떻게 되겠니?

찬유 아마 죽을걸.

아빠 기사에도 나왔지만 대부분의 OECD국가들이 양심적 병역거부를 인정하는 이유는 선진국일수록 인권의 가치를 중요하게 생각하기 때문이거든. 또 찬성의 이유로는 무엇이 있을까? (아이들이 대답하지 못함) 그동안 양심적 병역거부자들은 군대에 가지 않고 어디로 갔지?

찬유 감옥.

아빠 일 년에 몇백 명씩 감옥에 가는 게 옳은 일인가?

지유 그건 너무 심해.

엄마 어떻게 보면 국가에서 범죄자를 양산하는 부분도 있어. 그래서 대체복무를 찬성하는 사람들도 많아.

아빠 범죄자가 되면 어떤 불이익이 있지?

지유 취업이 안 돼!

아빠 이 사람들이 감옥에서 나오면 전과자니까 일단 공무원은 못 해. 그리고 대기업도 마찬가지고. 만약 지유가 회사 사장이라면 전과자를 직원으로 뽑을까?

지유 아니.

아빠 다른 사람들도 있는데 굳이 전과자를 직원으로 뽑을 이유가 없겠지. 그 사람들 인생은 어떻게 될까?

찬유 돈을 못 벌어서 사는 게 힘들어져.

아빠 찬성하는 다른 이유는 뭐가 있을까? (아이들이 대답하지 못함) 이건 아빠의 경험인데, 군대에 와서 다시 집으로 보내 달라고 하는 군인들이 많아. 그걸 안 들어주면 칼로 손목을 긋고 자살 시도를 하기도 해. 그러면 그 부대에서는 그 사람이 언제 자살할지 모르니까 관리를 해야 되잖아. 밤에 화장실에 갈 때도 사람을 붙여서 감시해야 해. 그 군인 한 명 때문에 여러 사람들이 힘들어져. 그래서 그런 사람은 아예 군대에 받지를 말자는 사람들이 많이 있어. 군대에 다녀온 사람들은 이 점을 이해하는 거지. 특히 군대는 전쟁을 대비하기 위해 있는 건데, 전쟁 나면 이런 사람들이 도움이 되겠어?

엄마 그런 이유도 있구나. 그런 생각은 안 해봤는데.

찬유 그런 사람들은 전쟁 나면 도망갈 수도 있어.

아빠 양심적 병역거부를 인정하지는 않지만, 이런 사람들이 군대에 오면 도움이 안 되니까 아예 군대에 받지 말자는 사람들도 많아. 특히 군대에 갔다 온 사람들은 이런 생각을 많이 할 거야.

••• 반대의 이유에 관해 생각해보기

아빠 이제 반대하는 이유를 생각해보자. 우리나라는 다른 국가들과는 상황이 좀 다르지. 양심적 병역거부를 반대하는 사람들은 이 부분을 많이 이야기해. 그게 뭘까?

지유 우리는 분단됐고, 휴전 상태야.

아빠 맞아. 우리나라는 특수상황이야. 전쟁이 끝난 게 아니란 말이야. 만약에 다시 전쟁이 터졌는데 양심적이라는 이유로 병역을 거부하면 나라는 누가 지키나?

엄마 군대를 좋아서 가는 사람은 많이 없을걸. 대부분 그게 의무니까 가는 거지. 군대를 다녀왔거나 이제 갈 사람들, 또는 그 가족들은 무슨 생각을 할까?

찬유 나는 가는데 너는 왜 안 가냐?

아빠 하하. (하이파이브) 그래, 그거야. 형평성. 병역의 의무는 누구나 져야 해. 거기에 예외가 생기는 순간 너도나도 군대에 안 가려고 할 수도 있어. 병역 제도가 흔들리는 거야. 10명 중 1명이 종교를 이유로 병역을 거부하고 정신병원에서 출퇴근하며 대체복무를 한다면, 나머지 9명은 어떤 생각이 들까?

찬유 나도 군대 가기 싫다. 출퇴근하고 싶다!

아빠 그래. 사람이니까 당연히 그런 생각이 들겠지. 그러면 이제 곧 군대에 가야 하는 사람은 무슨 생각을 할까?

찬유 군대에 안 가려는 생각.

지유 점점 더 그런 사람이 늘어나.

아빠 그러면 병역제도 자체가 흔들리는 거야. 이게 반대하는 사람들의 생각이야. 대만이 그렇게 됐거든. 충분히 가능성 있는 생각이지.

••• 이슈에 대해 다시 한번 생각해보기

지유 그런데 군대에 가는 사람은 양심이 있어서 입대하는 거 아니야?

아빠 그렇지. 그런데 군대에 안 간다고 양심이 없는 건 아니야. 종교적 양심, 즉 사람을 죽이는 총을 안 들겠다고 군대를 거부하는 것도 양심으로 볼 수 있는 거야. 그래서 양심을 검증하기가 참 어려운 거야. 그게 진짜 양심인지, 군대에 가기 싫어서 가짜로 그러는 건지 증명하기가 어려우니까.

찬유 군대를 가는 것도 양심이고, 안 가는 것도 양심이네.

지유 양심을 판단하기는 정말 어려워.

아빠 그게 바로 양심적 병역거부를 반대하는 사람들이 말하는 거야. "나는 양심적 병역거부자입니다. 그래서 군입대를 거부합니다"라고 주장할 때 "좋아! 그럼 네 양심을 보여줘!"라고 하기가 어렵다는 거지. 마음속에 있는 양심을 어떻게 증명할 거냐고. 그런데 이제 양심적 병역거부가 합법이 됐으니까 양심을 판단하는 기준을 만들어야 해. 어떻게 하면 좋을까?

지유 엄마, 아빠를 불러. "우리는 오래전부터 교회에 다녔고, 성경도 읽었습니다"하고 말해주는 거야.

아빠 (하이파이브) 증인을 세우자는 거구나. 그것도 좋은 방법이지. 부모뿐만 아니라 친구, 목사, 스님 등 여러 사람들이 증인이 될 수 있겠네.

엄마 그러면 어떤 부모들은 어릴 때부터 아이를 종교시설에 보내서 증인을 만들 수도 있겠다.

아빠 지금도 군대에 안 보내려고 미국 등 해외 국적을 취득하는 사람도 많잖아. 반대하는 사람들은 앞으로 양심적 병역거부자가 많이 늘어날 거라고 생각을 하고 있어. 충분히 그럴 가능성이 있지.

찬유 난 군대에 꼭 갈 거야! 가서 대장 할 거야.

아빠 대장이 별 4개거든. 대장 하려면 군 생활을 35년 이상 해야 해.

찬유 한 번에 대장 되는 방법은 없어?

아빠 없어. 장교로 가서 2년 4개월만 하고 와. ROTC라는 제도가 있어.

찬유 그냥 병사로 갈래.

••• 해결방식을 찾아보기

아빠 이제 양심적 병역거부자들의 대체복무지로 적당한 곳을 찾아보자. 어디가 좋을까?

지유 신문기사에서 나왔던 한센병원.

찬유 정신병원.

아빠 요양병원.

찬유 요양병원은 뭐야?

아빠 치매환자나 암에 걸린 사람들이 가서 치료받는 곳인데, 거기서 일하려면 정말 힘들어.

엄마 결핵병원. 거기도 괜찮을 것 같아.

아빠 병원 말고 다른 곳 없을까?

엄마 지뢰 제거.

아빠 내 생각에는 군대식당도 괜찮아. 군대식당에서 일하는 군인을 취사병이라고 하는데, 새벽 4시에 일어나서 식사 준비하느라 정말 힘들거든. 군대식당에서 복무하며 총을 안 들게 하고 훈련을 시키지 않는 거야. 그냥 식당 직원이 되는 거지. 대신 복무기간을 현역보다 더 길게 해야지. 잠도 군대에서 자고.

찬유 그것도 괜찮겠다.

아빠 자! 그럼 현역보다 얼마 더 복무하면 좋을까?

지유 3배.

찬유 4배.

엄마, 아빠 2배.

••• 한 줄 평으로 마무리하기

엄마 한 줄 평해보자.

찬유 군대 빠져나가다 군대 망한다.

지유 군복무 뜨거운 감자 신세.

아빠 대체복무, 국가 백년대계 생각하자.

엄마 양심적 병역의무 합헌 결정, 대체복무 기간 어떻게 정할까?

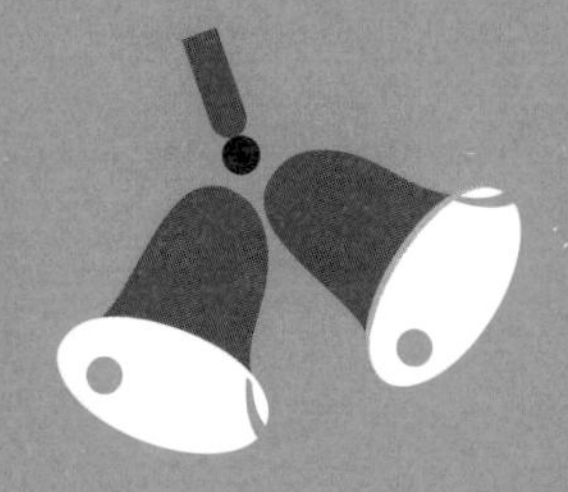

스스로 행복을 찾는 아이로 자란다

내 아이의 만 가지 가능성을 여는 신문 속 진로 인문학 • 마음 상태를 표현하기 좋은 이미지로 대화하기 • 공감력을 높이는 동화책 토론 질문법

10

다양한 직업의 세계를
간접경험하는 열린 진로교육

내 아이의 만 가지
가능성을 여는
신문 속 진로 인문학

아이가 좋아하는 일을 찾고 싶다면 질문부터 시작하라

진로는 아이가 살아갈 길이다. 언젠가는 반드시 스스로 가야 할 자신만의 길이다. 그러나 모든 진로가 다 새로운 길인 것은 아니다. 새로운 길에는 두려움과 희망이 공존한다. 남들이 가지 않았던 길에는 미지에 대한 기대만큼이나 두려움도 크다.

현재 우리나라 대부분의 아이들은 새로운 길보다 안전한 길을 선호한다. 2018 청소년 통계를 보면 청소년(9~24세)이 선호하는 직장은 국가기관, 공기업, 대기업 순인 것으로 나타났다. 그런 와중에도 대기업을 희망하는 청소년은 지속적으로 감소하는 반면에 정년이 보장되는 공무원에 대한 선호도는 꾸준히 증가하고 있다. 이는 한국만의 독특한 현상이기도 하다.

아이들의 진로는 여러 형태로 결정된다. 자신이 직접 결정하기도 하지만, 부모이나 선생님의 조언이 영향을 미치기도 한다. 학교 성적으로 결정하거나 책·경험·영상·롤모델을 통하여 정하는 경우도 있다. 아이가 어떤 선택을 하든 중요한 것은 미래의 다양한 가능성을 열어주는 것이다.

••• 아이를 위한 좋은 진로 코칭의 조건

진로를 잘 결정하기 위해서는 몇 가지 조건이 필요하다.

첫째, 아이가 자신에 대해서 잘 알아야 한다. 자신이 무엇을 좋아하고, 무엇을 잘하는지 알면 진로를 선택하기가 쉽다.

좋아하는 일을 직업으로 선택하면 삶의 만족도가 높아진다. 주위를 둘러보면 자기가 좋아하는 일과 직업이 일치하는 사람이 대체로 행복한 삶을 사는 걸 알 수 있다. 그런 사람은 직업을 잘 바꾸지 않는다. 은퇴 후에도 그 분야에서 가치를 인정받으며 그동안 해왔던 직업과 연관된 일을 계속해나간다. 전문가이기 때문이다.

전문가들의 공통적인 특징은 자신이 좋아하는 일을 직업으로 연결했다는 것이다. 그 일이 재미가 있으니 계속 파고들어 연구하고, 시간이 흐르면서 경력이 쌓여 자연스럽게 전문가로 인정받는 것이다. 전문가에게 은퇴란 없다. 전문가들은 자신이 하고 싶을 때까지 일할 수 있다. 한 분야에서 전문가로 인정받기 위해서는 첫째도 둘째도 자신이 좋아하는 일을 선택해야 한다. 그래야 오래 간다.

둘째, 부모의 역할이 중요하다. 나는 아이의 진로 선택에 부모가 절대적인 영향을 준다고 믿는다. 여기 세 종류의 부모가 있다. — 아이의 재능을 관찰해 진로 코칭을 하는 부모, 학교 성적에 맞춰서 진로 조언을 하는 부모, 알아서 하도록 내버려 두는 방임 형태의 부모. 당신은 어떤 부모인가? 이

책을 읽는 부모라면 아이의 재능을 면밀하게 관찰해서 직업으로 연결시키려고 노력하는 코칭형 부모일 것이다.

당신이 어떤 유형의 부모이든 명심해야 할 점이 있다. 아이의 진로는 부모의 진로가 아니라는 사실이다. 당연한 이야기지만, 아이의 진로는 아이 스스로 찾아야 한다. 부모의 역할은 질문하고 도와주는 것이다. 아이의 재능을 찾으려면 아이가 무엇을 좋아하고 잘하는지 관찰하는 데서부터 시작해야 한다. 그다음 아이가 스스로 그것에 대해 구체적으로 생각하고 실천하도록 일상생활에서 지속적으로 질문해야 한다.

질문을 던지는 순간 진로는 명확해진다. 아이가 좋아하는 것과 싫어하는 것을 알게 된다. 살려야 할 것과 버려야 할 것이 드러난다. 그때 좋아하는 것에 몰입하면 된다. 학교 진학, 전공 선택, 직업 설계를 일치화해서 필요 없는 것은 과감히 버린다. 그러면 아이의 몸과 마음이 가벼워지고 부담감이 줄어든다.

설사 아이가 좋아하는 것이 없더라도 실망할 필요는 없다. 그 사실을 알았으니, 이제부터 부모와 함께 좋아하는 일을 찾으면 된다. 모든 사람은 제각기 하나 이상의 재능을 갖고 태어난다. 그러므로 모든 가능성을 열어두고 고민하다 보면 반드시 찾을 수 있다.

••• 1만 시간의 법칙을 달성하기 위한 여건을 만들어줘라

이미 대학교를 졸업하고 어른이 되었지만 아직도 자신이 무엇을 좋아하는지, 어떤 직업을 선택해야 할지 모르는 사람이 많다. 그런 사람에게 인생은 성적순이다. 성적에 맞춰서 학교와 전공을 선택하고, 학교 레벨에 맞춰서 직업을 선택한다. 직업 만족도가 낮으니 이직이 잦다. 이런 사람들에게 일이란 돈을 벌기 위한 수단에 불과하다. 삶의 질은 확 떨어진다. 한 분야에서 전문성을 쌓는 것이 아니라 얕고 넓은 직장 지식을 익히는 데 머무르므로, 퇴직하면 쓸모가 없다. 전문성이 없으니 은퇴 후에는 다른 분야의 일을 찾게 된다. 그야말로 이직 인생이다. 이런 인생으로 흘러가지 않도록, 아이가 진정 좋아하는 일을 찾아 몰입하게 해줘야 한다.

아이가 좋아하는 것을 알았다면 그다음에는 무엇을 해야 할까? 동양인 최초로 아이비리그(다트머스 대학교) 총장을 거쳐서 세계은행 총재가 된 김용은 언론과의 인터뷰에서 이렇게 말했다.

"만약 아들이 힙합을 한다고 하면 그것이 진정으로 네가 원하는 거라면 좋다고 할 겁니다. 그리고 저에게 힙합이 무엇인지를 설명하고 보여줘야 한다고 할 겁니다. 네가 진심으로 하고 싶은 것, 평생을 하고 싶은 것을 심각하게 생각하고 찾아내라고 진지하게 이야기할 겁니다."

김용은 아이가 꿈을 이루기 위해서는 1만 시간의 법칙이 필요하다고 말했다. 신경과학자 다니엘 레비틴은 한 분야에서 최고의 전문가로 인정받는 사람들을 연구한 결과 '1만 시간의 법칙'을 발견하고 다음과 같이 말했다.

"어느 분야에서든지 세계적 수준에 이르려면 1만 시간의 연습이 필요하다. 1만 시간보다 적은 시간을 투자하고도 세계적인 수준에 오른 사람은 아직 발견되지 않았다. 달인의 경지에 오르기 위해 뇌가 알아야 할 모든 것을 습득하는 데에는 1만 시간 정도가 걸린다."

1만 시간의 법칙은 어떤 일에 1만 시간을 쏟으면 전문가가 된다는 법칙이다. 1만 시간은 하루에 3시간 투자하면 10년이고, 하루에 10시간 투자하면 3년이 걸리는 양이다.

재능에 노력을 더하지 않으면 그 재능은 반짝하고 사라진다. 아주 조그마한 재능이라도 1만 시간을 투자하고 노력하면 최고의 고수가 된다. 김용은 아이의 꿈을 이루기 위해서는 1만 시간을 투자하도록 여건을 만들어 주는 것이 부모의 역할이라고 말했다.

"시작점에서는 재능이 중요하지만 그다음은 얼마나 많은 시간을 투자하느냐에 달려 있습니다. 작가든 어떤 분야든 진정한 대가가 되기 위해서는, 심지어 세상에서 제일 똑똑한 빌 게이츠도 그렇고 1만 시간을 투자해야 한다는 말이 있습니다. 저는 제 아이들에게 이렇게 말할 겁니다. '너희들은 아주 좋은 환경에 태어났다. 우린 너희가 원하는 것이 무엇이든 간에 열정을 갖고 있다면 너희를 도울 것이다. 세상도 변했고 안정적으로 살기 위해 의사가 될 필요는 없다.' 작가가 되든 아티스트가 되든 무엇이든 될 수 있지만 그것이 무엇이든 목표를 찾고 나면 이후 저의 역할은 아이들이 100시간 또는 1,000시간의 고군분투의 노력을 기울이게 하고 결국에 대가가 되기 위해 투자해야 할 10,000시간을 채우도록 돕는 것입니다."

기억해두자. 자녀 진로 코칭 방법의 핵심 키워드는 다음 세 가지다.

관찰 → 질문 → 1만 시간의 법칙 적용

아이를 관찰해 좋아하는 분야를 찾는다. 질문을 통해 아이가 스스로 진로를 구체화하고 실천하도록 돕는다. 1만 시간의 법칙을 적용해 좋아하는 일에 1만 시간을 투자하도록 여건을 만들어주고 응원한다.

내 아이를 위한 진로 코칭 방법

- **아이가 평소에 무엇을 좋아하고, 재미있어하는지 관찰한다.**
- **다음과 같은 지속적인 질문을 통해 아이가 좋아하는 것을 진로와 연결시킨다.**
    - 넌 무엇을 좋아하니?
    - 네가 잘하는 것은 무엇이니?
    - 도전해보고 싶은 것은 무엇이니?
    - 어떤 것을 할 때 재미가 있니?
    - 존경하거나 좋아하는 인물은 누구니?
    - 어떤 사람이 되고 싶니?
    - 학교에서 무엇을 할 때 즐겁니?
    - 어떤 과목이 재미가 있니?
    - 어떤 과목이 싫니?
    - 네가 행복감을 느낄 때는 언제니?
    - 어떤 직업에 관심이 있니?
- **1만 시간의 법칙을 적용해 아이가 좋아하는 것에 1만 시간을 투자하고 노력하도록 돕고 응원한다.**

신문을 활용한 직업 찾기 놀이와 진로 토론

아이들과 함께 직업에 대해 알아보고, 진로 코칭을 해주기 위해서 직업카드를 샀다. 한 장의 카드당 하나의 직업에 대한 자세한 설명이 적혀 있었다. 그런 카드가 100장이 들어 있었는데, 딱 두 번 사용한 후 그 카드는 꺼내지 않는다. 매번 똑같은 직업이 나오니까 재미가 없었던 것이다.

그래서 생각해낸 방법이 신문을 활용한 직업놀이다. 신문에는 여러 직업이 매일 등장한다. 물론 비슷한 직업도 많이 나오지만 그래도 매일 직업이 바뀐다. 특히 사진과 사건을 보고 다양한 직업을 생각해낼 수 있어 좋다. 우리 집은 주기적으로 신문에서 직업 찾기 놀이를 한다. 나이가 어릴수록 아이의 관심사가 자주 바뀌기 때문에, 이렇게 하면 요즘 아이가 어떤 직업을 좋아하는지 금방 파악할 수 있다.

신문으로 하는 직업 찾기 놀이 방법은 간단하다. 먼저 신문의 사진, 기사 등을 보고 연상되는 모든 직업을 종이에 쓴다. 두 번째는 자신이 관심 있는 직업에 동그라미를 친다. 세 번째는 왜 그 직업을 선택했는지 질문하고 대화를 나눈다. 네 번째는 자신이 선택한 직업을 갖기 위한 구체적인 실천 방법에 대해서 대화한다. 신문에는 매일 80개 이상의 직업이 등장한다. 그리고 연상되는 직업까지 쓰기 때문에 예상보다 많은 직업을 적을 수 있다. 직업 찾기를 통해 아이가 알고 있는 직업, 직업에 대한 생각, 좋아하는 직업 등을 놀이로 재미있게 알 수 있다. 내가 아이들과 함께 가끔 하는 이유다.

●●● 신문을 통해 간접경험 하는 다양한 직업의 세계

신문을 읽다 보면 자신의 분야에서 성공한 직업인들이 종종 등장한다. 이 같은 인물 기사는 5분이면 읽을 수 있는 짧은 글이지만 그 속에는 한 인물의 삶이 요약되어 있다. 그 직업을 선택한 이유, 도전, 시련, 실패, 최고가 되기 위한 노력과 과정, 성공요인 등이 인터뷰에서 드러난다. 사람 냄새가 나는, 그야말로 살아있는 글이다. 나는 이것을 '진로 인문학'이라고 부른다.

한 사람이 직업을 선택해 시련과 실패를 극복하고 성공으로 나아가는 인생 스토리야말로 인간의 진면목을 배울 수 있는 진정한 인문학이다. 나는 주말 신문에서 이런 기사를 발견하면 곧장 우리 가족의 주말토론주제로 삼는다. 아이들과 기사를 나눠서 같이 읽고 그 사람의 인생에서 벌어진 결정적인 사건들과 실패와 성공에 대해 질문하고 대화를 나누다 보면 자연스럽게 진로 코칭이 된다.

요즘은 학교 현장에서도 진로에 대한 관심이 부쩍 높아지면서 특강, 체험,

신문에서 발견한 직업 쓰기의 예

지유가 찾은 직업

대통령	환경 관리인	조각가	승무원
기자	홍보대사	변호사	피아니스트
바둑 기사	배우	모델	소방관
회사 직원	원장	외교관	요리사
군인	가수	장관	택시·버스 기사
국회의원	연구원	영화 감독	조향사
사장	사회복지사	약사	골프 선수
경찰	어부	[illegible]	축구 선수
크레인 기사	선장	신문 발행인	작가
버스 기사	보좌관	신문 편집인	기상 캐스터

간호사 시인 가이드 / 연구개발 [illegible] / 선생님 요리사 / 교수 [illegible]

찬유가 찾은 직업

대통령	기자	바둑기사	시인
CEO	[illegible]	배우	공무원
소방관	연구원	국회의원	보좌관
비서	모델	어부	선장
사회복지사	변호사	교수	감독
투자자	작가	카메라[illegible]	기상 캐스터
래퍼	가수	경찰	군인
비트코인 개발자	조각가	태양광 개발자	철학자
선생님	[illegible]	항공 [illegible]	승무원
가이드	[illegible]	요리사	애널리스트
택시기사 / 화가	의사	간호사	탐험가

아빠가 찾은 직업

요리사	기자	[illegible]	바둑기사
[illegible]	모델	탤런트	빅데이터 연구원
시인	CEO	군인	공무원
회사원	크레인 기사	버스 기사	소방관
영화배우	연구원	인테리어 디자이너	기타리스트
가수	국회의원	외교관	보험설계사
[illegible]	변호사	앱 개발자	골프 캐디
학원 강사	선장	사회복지사	어부
도선사	목사	소설가	세무사
래퍼	교수	CG디자이너	영화감독

천체물리학자 야구선수 / 애널리스트 축구선수 / [illegible] / [illegible] 스님

엄마가 찾은 직업

[illegible]	[illegible]	[illegible]	[illegible]
[illegible]	군인	[illegible]	[illegible]
[illegible]	교수	[illegible]	[illegible]
변호사	[illegible]	[illegible]	[illegible]
[illegible]	[illegible]	[illegible]	[illegible]
[illegible]	[illegible]	바둑기사	[illegible]
[illegible]	[illegible]	모델	[illegible]
[illegible]	[illegible]	[illegible]	[illegible]
[illegible]	[illegible]	가수	[illegible]
[illegible]	[illegible]	[illegible]	[illegible]

출처: 도서 《기적의 밥상머리교육》

상담 활동이 활발하게 이뤄지고 있다. 안 하는 것보다는 낫겠지만 일시적인 행사의 성격이 강해서 효과는 크지 않다. 그동안 대학교에서 중·고등학생 진로 코칭, 진로 상담 등 다양한 진로 활동을 직접 경험해보았지만 가장 효과가 큰 방법은 신문을 활용한 방법이었다. 읽는 데 시간이 오래 걸린다는 단점이 있지만 〈WHO 인물〉 등의 위인전을 아이와 읽고 질문과 대화를 나누는 것도 좋은 방법이다.

실제 사례로 배우기

맥주회사 CEO가 된 맥주 덕후 이야기

토요일 신문에 맥주 덕후인 청년의 스토리가 소개되었다. 맥주에 푹 빠져서 급기야 세계 맥주 만들기 대회에 나가 1등을 하고, 내친김에 맥주가공 기계를 만드는 공장을 창업한 청년이었다. 그를 다룬 기사는 곧장 우리 가족의 주말토론 주제로 낙점되었다.

가족이 돌아가며 사회를 맡는다. 사회자는 기사를 읽는 순서를 정한다.

아빠 오늘은 아빠가 좋아하는 맥주 이야기네. 누가 사회자를 해볼까?

찬유 내가 할게. 주사위를 던져서 읽는 순서를 정하겠습니다. (엄마 6, 아빠 4, 지유 5, 찬유 2가 나왔다.) 숫자가 적게 나온 저부터 읽을게요. 한 문단 읽으면 아빠로 순서가 넘어갑니다. 읽는 동안에는 핵심 키워드를 적어주세요.

우리 집의 주말토론은 가족이 돌아가면서 사회자를 맡는다. 지유와 찬유는 처음에 아주 어색해했지만 이제는 제법 능숙하게 사회자 역할을 해낸다. 하지만 내게 진행 욕심이 있는 것인지, 시간이 흐르면 어느새 사회를 보고 있는 나를 발견하곤 한다.

아빠 (다 읽은 후에) 맥주 덕후 이야기를 마인드맵으로 그려보자. 누가 그려볼까?

지유 내가 할게.

마인드맵은 1971년 심리학자 토니 부잔이 좌뇌와 우뇌를 동시에 활성화하기 위해 발명한 것이다. 중심가지 → 부가지 → 세부가지를 치면서 이미지와 단어를 펼치는 것으로 사고력과 창의력 향상에 큰 도움이 된다. 우리 가족은 주말토론을 한 지 6개월 정도 지나서부터 대화의 집중도를 높이기 위해 마인드맵을 그리기 시작했다. 특별한 스킬이 있는 것은 아니어서 아이들도 금세 따라 하게 되었다. 요즘은 토론할 때마다 마인드맵을 그린다.

마인드맵을 이용해 키워드를 적어나가며 내용 및 생각을 정리해보자.

••• 기사 속 인물과 관련된 핵심 키워드 찾기

아빠 지유는 키워드로 뭘 적었니?

지유 덕후, 어메이징 브루잉 컴퍼니.

아빠 왜 그걸 적었니?

지유 덕후는 자기가 좋아하는 것에 푹 빠진 사람이잖아. 나도 덕후가 되고 싶어서.

아빠 지유는 어떤 덕후가 되고 싶니?

지유 인스덕후! 요즘 인스(인쇄용 스티커) 소개 영상 찍어서 유튜브에 올리고 있잖아. 내가 찍은 영상이 인기가 많았으면 좋겠어.

아빠 어메이징 브루잉 컴퍼니는 왜 선택했어?

지유 박성재(맥주 덕후로 소개된 기사의 주인공)가 덕질하다가 맥주회사까지 차렸잖아. 덕후로 취업까지 해결해서 골랐어.

엄마 찬유는 핵심 키워드로 뭘 적었니?

찬유 덕질.

엄마 왜?

찬유 덕질이 무슨 뜻인지 몰라서 적었어. 그런데 이제 대충 무슨 뜻인지 알 것 같아. 덕후가 하는 일 맞아?

지유 맞아. 덕후가 하는 일을 덕질이라고 하는 거야.

아빠 찬유는 요즘 무슨 덕질하니?

찬유 난 팽이 덕질. 요즘 팽이 돌리는 게 제일 재미있어.

아빠 그렇구나. 엄마는 무슨 덕질을 가지고 있나?

엄마 글쎄…….

찬유 아빠는?

아빠 딱히 생각나는 게 없네. 지유와 찬유는 덕질할 게 있어서 좋겠다. 아빠와 엄마도 덕질을 빨리 찾아야겠어. 그러면 삶이 조금 더 재미있어지겠지.

••• 어떻게 맥주의 매력에 푹 빠졌을까?

아빠 박성재는 왜 맥주 덕후가 되었다고 했지?

찬유 맥주 마시는 걸 좋아하다가 집에서 직접 만들기 시작했어.

엄마 맞아. 집에서 맥주 만드는 걸 홈브루잉이라고 했지.

지유 박성재는 한 곳에 빠지면 못 헤어 나오는 성격이라고 했어.

아빠 한 곳에 깊게 빠지면 무엇이 좋을까?

찬유 그걸 잘하게 돼. 그리고 대회 같은 데 나가서 장학금도 받을 수 있고 메달도 받을 수 있어.

아빠 한 곳에 깊게 빠진다는 것은 어떤 뜻이야?

지유 그걸 공부하고 연구한다는 뜻이야.

엄마 자기가 좋아하는 걸 공부하고 연구하면 어떻게 될까?

지유 덕후가 돼. 그리고 돈도 벌고 취업도 할 수 있어! 박성재처럼.

●●● 맥주를 좋아하게 된 후 어떤 변화가 일어났을까?

아빠 박성재는 맥주 덕후를 하다가 뭘 했지?

지유 5개월 만에 맥주 만들기 대회에 나가서 3등을 했어.

엄마 5개월 동안 무슨 일이 있었던 걸까?

지유 연구를 엄청 열심히 했어.

찬유 맥주 만들기 연습을 하고 또 복습했어. 그리고 올해에는 세계 맥주 만들기 대회에 나가서 1등을 했어.

아빠 짧은 시간에 엄청난 몰입을 한 거지. 무슨 일이든 몰입하면 이런 성과를 낼 수 있어.

엄마 그러다가 누구를 만났다고 했잖아?

찬유 소불리에.

지유 소불리에가 아니라 소믈리에야.

아빠 (하이파이브) 찬유와 지유가 잘 기억하고 있구나. 박성재가 맥주 만들기 대회에 자주 나갔다가 심사위원으로 있던 국제 맥주 소믈리에를 만났다고 했잖아. (신문을 보며) 이름이 김태경이네.

엄마 소믈리에는 무슨 일을 하는 직업일까?

찬유 맥주를 만들어서 파는 사람?

지유 맥주를 연구하는 사람?

아빠 아빠도 정확히 모르겠네. 그럼 지유가 스마트폰으로 검색해보고 읽어줘.

지유 찾았다. '소믈리에는 레스토랑 등에서 주로 포도주를, 넓은 의미로는 각종 주류에 관한 서비스를 전문적으로 하는 사람을 말한다. 맥주 소믈리에는 맥주의 맛을 감별하고 음식에 어울리는 맥주를 추천해주고 평가도 한다.'

아빠 소믈리에가 감별하는 술의 종류에 맥주도 포함되는구나. 맥주 소믈리에는 맥주 맛을 감별하고 추천도 해주는 그런 직업인 것 같아.

지유 아빠! 나는 새로운 직업을 해보고 싶어. 아이스크림 소믈리에!

아빠 (하이파이브) 그 직업 좋다. 지유가 좋아하는 아이스크림을 실컷 먹겠네.

찬유 난 맥주 소믈리에 하고 싶어. 맥주를 실컷 먹어보고 싶어.

지유 안 돼! 술쟁이 되면 코 빨개져.

아빠 소믈리에에도 종류가 많아. 밥 소믈리에도 있네. 또 어떤 소믈리에가 있을까?

찬유 장난감 소믈리에.

지유 마트에 가면 소믈리에들이 많아. 이건 맛이 어떻고요, 저건 맛이 어때요, 하면서.

찬유 유산균이었나? 아빠는 별로 사고 싶지 않아 했는데 마트 아줌마가 막 좋다고 하니까 샀어.

아빠 하하, 내가 그랬나?

••• 새로운 직업을 상상해보기

엄마 소믈리에를 새롭게 만든다면 어떤 소믈리에가 있을까?

찬유 소믈리에소믈리에.

엄마 응? 그건 뭐야?

찬유 소믈리에를 평가하는 소믈리에.

아빠 와! (하이파이브) 그거 너무 좋은데. 그런 직업이 있으면 인기 많겠다. 새로운 직업을 만드는 걸 창직이라고 하는 거야. 요즘은 기존에 없던 직업을 새로 만들어서 창직(創職)을 하는 사람이 많다고 하더라. 지유, 찬유도 창직을 하면 좋겠다.

아빠 맥주 덕후에도 여러 가지가 있는데 박성재는 어떤 맥주 덕후야?

지유 맥주 만드는 덕후!

아빠 그렇지. 다른 맥주 덕후로는 어떤 사람이 있을까?

찬유 맥주 맛보는 사람. (하이파이브)

지유 맥주 사서 모으는 사람. (하이파이브)

아빠 박성재는 또 뭘 잘하지?

찬유 맥주 만드는 기계를 만들어.

아빠 결국 맥주 덕후가 된 이후 어떤 사람이 됐어?

찬유 최고가 됐어.

지유 맥주에서 최고 전문가가 됐어.

아빠 처음에 뭘로 시작했지?

지유 취미에서 시작했어.

엄마 보통사람은 취미로 끝나는데 이 사람은 어떻게 했어?

지유 계속 연구해서 덕후가 됐고 직업이 됐어.

아빠 (하이파이브) 지유가 핵심을 잘 이야기했다. 이 사람은 취미에서 시작해서 덕후가 됐고 그다음 직업으로 연결했잖아. 이 사람은 행복할까?

찬유 응, 자기가 하고 싶은 걸 매일 하니까 행복할 것 같아.

 맥주 소믈리에에 관해 이야기하며 지유가 그린 마인드맵

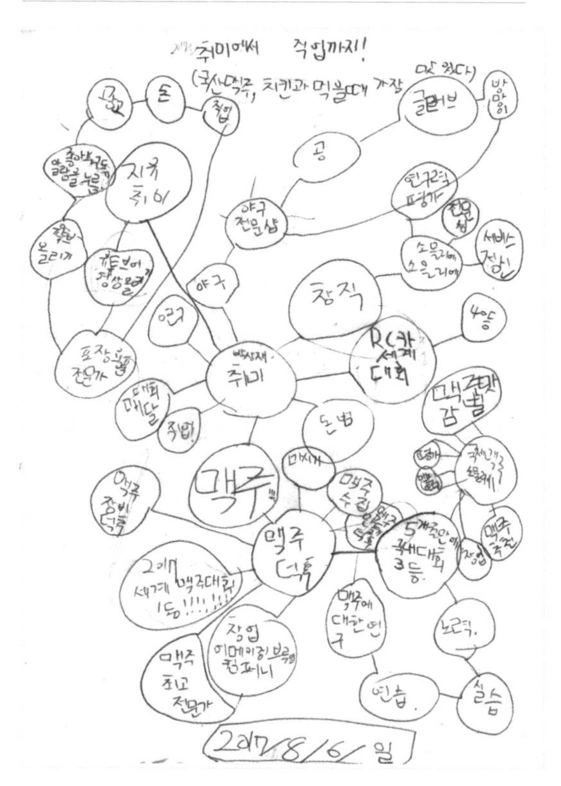

아빠 지유는 무슨 직업을 가지면 행복할 것 같니?

지유 난 유튜브 크리에이터. 내가 좋아하는 인쇄용 스티커를 영상으로 소개하고 돈을 벌 거야.

아빠 그걸로 어떻게 돈을 벌어?

지유 재미있는 영상을 올려서 구독자를 늘리고, 좋아요를 많이 받아서 광고로 돈을 벌 수 있어.

아빠 (하이파이브) 와! 지유는 매우 구체적인 꿈을 갖고 있구나. 아주 좋아.

엄마 찬유는 무슨 직업을 가질 거니?

찬유 나는 소믈리에소믈리에 해보고 싶어.

아빠 새로운 직업이네. 멋져. 우리 아들. (하이파이브)

••• 기사 제목 바꿔보기

아빠 마지막으로 기사 제목 바꾸기를 해볼까? 난 '취미 → 덕후 → 직업, 행복한 사람.'

찬유 취미 많은 박성재.

지유 취미에서 직업까지.

엄마 원래 제목이 '국산맥주, 치킨과 먹을 때 가장 맛있다'인데 우리 지유가 훨씬 잘했다. 난 '맥주 최고 전문가, 박성재.'

11

감정을 솔직하게 표현하는 것도
행복연습의 일종이다

마음 상태를
표현하기 좋은
이미지로 대화하기

지금 내 아이의
마음속에서
무슨 일이 벌어지고 있을까?

이미지는 사람의 마음을 한순간에 사로잡는다. 말보다는 글이, 글보다는 이미지가 장기 기억으로 남는다. 천재들이 사용한다는 로먼룸 기억법도 이미지를 연상해서 기억하는 방법이다. 10년 동안 책으로만 영어공부를 한 사람은 1년 동안 유튜브 영상으로 영어공부를 한 사람을 따라갈 수 없다. 유튜브로 영어를 마스터한 사람들의 사례가 지속적으로 늘어나고 있는 이유다.

이미지를 마음속으로 그리면 이것은 심상(心象)이 된다. 아리스토텔레스는 "마음에 떠오르는 이미지가 생각에 필요하고, 마음속에 그림이 없으면 생각할 수도 없다. 생각할 때 느끼는 감정은 그림을 그릴 때 느끼는 감정과 같은 것이다"라고 했다.

아이가 나무작대기로 땅을 긁적이는 것은 마음속에 있는 생각을 이미지로 표현하는 것이다. '글'의 어원은 '그림'이며, '그림'의 어원은 '긁음'이다. 사람의 긁음이 그림이 되고 글이 되었다. 초기의 언어를 보면 잘 알 수 있다. 한자와 이집트어도 이미지를 본떠 만든 상형문자이다. 세계 공용어인 영어도 그림에서 시작되었다. 세계에서 가장 과학적인 언어로 인정받는 한글은 소리가 나오는 목구멍과 입 모양을 본떠 만들었다. 이처럼 이미지는 인간 세상의 원리를 담고 있다.

••• 이미지를 통해 아이의 마음속 진심을 읽어라

사람은 본능적으로 이미지에 자신의 생각을 담는다. 심리상담가들이 내담자에게 그림을 그려보도록 시킨 다음에 현재의 마음 상태를 해석하는 것도 그런 원리다. 그림카드를 펼쳐놓고 그중에 하나의 그림을 선택해서 심리 상태를 진단하는 것도 마찬가지다. 타로카드는 그림카드를 선택한 심리를 이용해 미래까지 들여다본다.

작년에 평택에서 4주 동안 부모들에게 밥상머리 인문학을 강의했다. 2주차 때 수강생 한 분이 다가와 말했다.

"고맙습니다. 지난주에 가르쳐준 방법으로 아이와 대화를 했다가 아이가 자전거를 얼마나 좋아하는지 이제야 알게 됐습니다."

내가 알려준 방법은 신문에 나오는 이미지, 즉 사진을 활용한 방법이었다. 신문을 펴고 아이에게 흥미를 주거나, 좋아하는 사진을 고르도록 하고 그 이유를 질문해서 대화를 나누는 간단한 방법이었다. 당시 강의를 듣는 사람들과 함께 그 분의 이야기를 듣고 싶어 발표를 요청했다.

여기 그 분의 이야기를 옮겨 본다.

> 큰 애는 6학년인데 사춘기가 온 상태예요. 그날 아이에게 "네가 원하는 사진을 하나 골라 봐"라고 했죠. 그랬더니 자전거 사진을 골랐어요. 몇 달 전부터 비싼 자전거를 사달라고 해서 내 앞에서는 자전거 얘기를 아예 못 꺼내게 했거든요. 자전거 사진을 골라서 사실 화가 좀 났지만 "왜 자전거를 골랐니?"하고 참고 물었죠. 그랬더니 기다렸다는 듯이 자전거 수입원, 제조회사, 원리, 가격, 판매처 등 자전거에 대한 거의 모든 것들을 술술 이야기하더라고요. 아이가 요즘 자전거에 아주 꽂혀 있어서 뭔가 검색을 계속하고 있다는 건 알고 있었는데 그 정도일 줄은 몰랐어요. 완전 자전거 전문가더라고요. 이걸 통해서 "네가 이렇게 많이 알고 있었구나!"라며 칭찬을 해줬죠. 아이도 기분이 좋은지 아주 표정이 밝아졌어요.

엄마는 사진 하나로 아이의 마음을 활짝 열었다. 사춘기 아들은 사진 하나에 자신의 속마음을 담아서 무장해제되었다.

나는 이야기를 다 듣고 아들이 자전거 디자이너 등 자전거와 관련된 직업을 선택하면 좋겠다고 말해주었다. 그리고 아들에게 계속 질문하면서 진로를 더 구체화시켜 보라는 조언을 했다.

아이의 흥미와 진로를 연관시키는 질문의 예

- 자전거가 왜 좋니?
- 자전거 디자인을 좋아하니?
- 너는 어떤 자전거를 만들고 싶니?
- 자전거를 다른 사람한테 소개하는 것을 좋아하니?
- 미래의 자전거는 어떤 모습일까?
- 자전거는 너에게 어떤 의미니?

위의 질문만으로도 아들이 자전거 디자이너, 엔지니어, 제작자, 홍보마케팅 담당자 중에 어느 분야에 관심이 있는지 알 수 있다. 이후에는 학교와 전공을 그 방향으로 설정하고 여러 시간을 투자해 전문가로 올라서도록 도와주고 응원하면 되는 것이다. 만약 아들이 지금부터 시간을 투자해 체계적으로 자전거를 즐기고 공부한다면 멀지 않아 한국 최고의 자전거 전문가로 성장할 것이다.

이처럼 아이가 무엇을 좋아하는지만 알아도 대화가 열린다. 그러나 사춘기가 시작된 아이에게 "네가 좋아하는 게 뭐니?"라고 직설적으로 물었다면 아이는 엄마가 싫어하는 자전거 얘기를 쉽게 꺼내지 않았을 것이다. 사람마다 성향은 다르지만 대부분의 사람들은 자신의 속마음을 잘 드러내지 않는다.

말은 직설적이어서 거부감이 있지만, 자기의 마음을 사진에 투영하는 것은 은유적이어서 부담이 덜하다. 이미지에 자신의 마음을 숨기는 것이다. 심리상담가들이 상담에 그림을 활용하는 이유다. 강의를 자주 하는 전문강사들은 첫 강의를 시작할 때 사진카드를 많이 활용한다. 사진카드를 쭉 깔아놓고 한 장씩 고르게 한 다음 왜 그 사진을 골랐는지 말해보라고 하면 대부분의 사람들이 스스럼없이 현재의 심리상태를 사진에 빗대어 표현한다. 심리상담가와 전문강사의 방법은 조금 다르지만 원리는 똑같다.

이미지는 아이의 마음을 여는 데 좋다. '아이와 무슨 말을 해야 하나? 대화는 하고 싶은데 어떻게 말문을 열까?'라는 고민을 하고 있다면 신문을 이용하길 권한다. 부모들이 많이 구매하는 사진카드, 그림카드, 감정카드, 직업카드는 가격이 비싼 데다 몇 번 사용하면 금방 흥미가 떨어진다. 신문은 가격이 싸고, 생생한 사진들이 매일 바뀌니까 활용성이 높다. 이미지로 아이의 마음을 열고, 질문으로 아이의 생각을 열어보자.

이미지를 활용하여 대화하는 방법

- **아이에게 다음의 사진(그림)을 고르라고 말한다.** 이때 부모도 같이 고른다.
  - 지금 기분과 가장 잘 어울리는 사진
  - 가장 흥미로운 사진
  - 가장 행복해 보이는 사람
  - 가장 불쌍해 보이는 사람
  - 가장 마음에 드는 사진

  * 신문, 책, 잡지, 인터넷 등 어떠한 매체를 활용해도 좋다.
- **사진을 고른 이유를 질문하며 대화를 연다.** 그리고 부모도 사진을 고른 이유를 아이에게 말한다.
- 지속적인 대화를 위해서 **질문꼬리물기를 한다.**
- 대화가 마무리되면 **각자 자신이 고른 사진을 보고 질문을 만든다.**
- **질문에 대한 답을 주고받으며 대화를 한다.**
- **자신이 고른 사진을 보고 스토리를 만들어 대화를 나눈다.**

실제 사례로 배우기

가족이 고른 사진에 대하여 다 함께 대화하기

이날은 "신문에 나오는 사진 중에 가장 흥미로운 사진을 골라볼까?"라는 질문으로 대화가 시작되었다. 우리 가족이 고른 사진은 다음과 같았다.

- 찬유 : 푸른 산 중턱에서 구름다리를 건너는 사람들
- 지유 : 액정화면이 접히는 폴더블폰
- 아빠 : 산 정상에 있는 소나무 한 그루와 의자
- 엄마 : 치맥을 먹고 있는 사람들

각자 사진을 고른 후 본격적인 대화가 시작되었다.

••• 각자 사진을 고른 이유

아빠 찬유는 왜 이 사진을 골랐니?

찬유 평화로워 보이고, 여행을 가고 싶어지는 사진이라 골랐어.

엄마 어떤 모습이 평화로워 보여?

찬유 푸른 산이 있고, 사람들이 손 흔들며 사진을 찍는 모습도 평화로워 보여.

아빠 찬유는 누구랑 여행 가고 싶어?

찬유 현호(찬유 친구)랑 우리 가족이랑 가고 싶어.

아빠 현호는 어떤 성격을 가진 친구야?

찬유 나랑 비슷해. 노는 거 좋아하고 장난 잘 치고.

아빠 또?

찬유 착해. 축구도 좋아하고.

엄마 난 대구 치맥 페스티벌 사진을 골랐어. 더운 여름이니까 시원한 느낌이 있잖아.

아빠 오늘 저녁에 치맥 먹을까?

엄마 나 약 먹고 있어서 안 돼.

아빠 내가 대신 먹어줄게.

엄마 별로 그러고 싶지 않아.

찬유 오늘 치킨 좋다.

아빠 지유는 왜 이 사진을 골랐어?

지유 신기해서. 액정이 접히니까 신기하잖아.

찬유 (사진을 보며) 이름이 폴더블폰이네. 나도 이거 사고 싶다.

아빠 찬유가 휴대폰을 발명한다면 어떤 걸 만들고 싶니?

찬유 용량이 다 차면 랙이 걸리잖아. 그런 일이 없도록 용량이 무한대인 휴대폰을 만들 거야.

아빠 또 뭐가 있을까?

찬유 영상이 밖으로 나오는 입체 휴대폰. 지금은 VR을 보려면 안경을 써야 하잖아. 그럴 필요 없이 그냥 눈으로 볼 수 있는 거야.

아빠 야! 그거 좋다. (하이파이브) 찬유야! 휴대폰에서 VR이 나오면 대박이겠는데. 앞으로 그런 휴대폰이 분명 나올 것 같아. 지유는 어떤 휴대폰을 만들고 싶니?

지유 홈 버튼을 누르고 사람 이름을 부르면 그 사람 사진이 나오는 거야. 지금은 갤러리에 들어가서 찾아야 되잖아. 간편하게 이름만 부르면 사진을 찾아주는 거지.

아빠 (하이파이브) 그것도 기발한 생각이다. 지유가 사용하면서 필요하다고 생각한 기능이야?

지유 응.

아빠 난 휴대폰이 없어지고 반지 같은 데 기능이 들어가는 거야. 반지를 한 번 터치하면 VR로 화면이 떠서 통화하고, 다시 터치하면 화면이 없어져. 음성으로 해도 되고.

엄마 몸에 칩을 심어서 할 수도 있겠다.

••• 사진에 대한 각자의 느낌을 이야기하기

아빠 아빠가 고른 이 사진은 어떤 느낌이 드니?

엄마 나무가 한 그루여서 외로워 보이는데.

지유 의자도 하나밖에 없어서 왠지 쓸쓸해 보여.

찬유 약간 흑백 같은 느낌이 있어서 어두운 느낌이야.

아빠 역시 똑같은 사진을 봐도 사람마다 느끼는 감정이 다르구나. 나는 이 사진을 보면서 수채화 같은 청량한 느낌이 있었어. 높은 봉우리 홀로 앉아서 멀리 있는 풍경들을 여유롭게 바라보면 좋겠다는 생각도 들고.

••• 자신이 고른 사진에 관한 질문 만들고 대화하기

아빠 자기가 고른 사진에 대한 질문을 3개씩 만들어보자. 우리 가족이 이야기 나눌 수 있는 어떤 질문도 괜찮아. (5분 후) 찬유는 뭘 적었니?

이 사진을 보면 무슨 느낌이 들까?

다리에 서서 무엇을 보고 싶나?

다리에 서 있는 사람은 무슨 생각을 하고 있는가?

접히는 핸드폰은 출시가격이 얼마일까?

사람들은 폴더블폰을 많이 살까?

삼성 폴더블폰에는 접는 것 말고 어떤 다른 기능이 있을까?

의자에 앉아서 무엇을 보고 싶나?

내가 가장 구경하고 싶은 경치는?

산은 우리에게 어떤 존재인가?

치킨과 맥주는 환상의 궁합일까?

맥주와 더 잘 어울리는 건 뭘까?

맥주는 더위를 날리는 효과가 있을까?

찬유 이 사진을 보면 어떤 느낌이 들까?

엄마 시원한 느낌.

아빠 산 속에 물이 아주 깨끗한 계곡이 숨겨져 있을 것 같은 느낌이 들어. 여기 보면 산과 산 사이가 움푹 들어갔잖아. 아마도 저기에 계곡을 숨기고 있지 않을까? 그곳으로 가서 발 담그고 푹 쉬고 싶다. 두 번째 질문은 뭐야?

찬유 구름다리에 서서 무엇을 보고 싶나?

엄마 바다가 있는데 한가로이 배가 떠가는 모습. 거기서 낚시를 하는 사람들.

지유 아름다운 높은 건물들을 보고 싶어.

아빠 좋아. 다음 질문은 뭐니?

찬유 다리에 있는 사람들은 무슨 생각을 하고 있을까?

엄마 사진 찍는 사람한테 '부럽지?'하며 자랑하는 생각.

지유 '다른 가족들도 데리고 올걸!'하는 생각.

아빠 맞아. 아빠도 맛있는 거 먹으면 너희들이랑 같이 먹으면 좋겠다고 생각하거든.

찬유 나는 기분이 좋아서 '야호'하는 생각. 그리고 뿌듯한 느낌.

이후에 우리 가족은 지유, 나, 아내 순으로 각자 만든 질문을 말하고 함께 대화를 나누는 시간을 가졌다. 이미지로 하는 간단한 질문놀이지만 1시간 30분 동안 질문과 대화를 주고받았다. 마지막에는 자신의 사진을 보고 제목을 정하는 것으로 마무리를 했다.

아빠 자신이 고른 사진에 제목을 달아볼까?

찬유 평화로운 길 걸어.

지유 폴더블폰 성공할까?

엄마 더위야 가라.

아빠 고즈넉한 산사에서 내 마음을 보다.

“

세상의 운명은 피 튀기는 전쟁보다는

사랑과 믿음을 전하는 스토리로 결정된다.

— 하워드 고다드

”

12

이야기에 몰입함으로써
풍성한 감정 교류가 가능해진다

공감력을 높이는 동화책 토론 질문법

삭막한 식탁에 따뜻한 행복 에너지를 불어넣어라

이야기의 힘은 강력하고 오래간다. 인류의 가장 오래된 이야기는 신화다. 신화는 재미있기 때문에 여전히 입에서 입으로, 글과 그림으로 전수되고 있다. 대부분의 신화는 동화로 구현된다. 재미있는 이야기를 모아 놓은 것이 동화이다. 아이들은 이해하기 쉽고 짧고 재미있는 이야기를 좋아한다. 이 조건들을 충족한 이야기만 동화로 쓰여지고, 거기에 교훈과 메시지가 담긴다. 이보다 좋은 책이 있을까 싶지만 아이들은 점점 커가면서 동화를 멀리한다. 어른이 되면 더욱 외면받는다. 생각해보시라. 고전을 제외하고 어른들이 읽는 자기계발서 등의 책은 그 수명이 길어야 20년이다. 동화와 비교가 안 된다. 인류사에서 오래 살아남은 것들에는 다 이유가 있다.

••• 동화가 가진 강력한 이야기의 위력

나는 가끔 동화를 읽는다. 집 책꽂이 하단을 장식하고 있는 동화책들에

간혹 눈길을 주고 손을 뻗어 책을 집어 든다. 일단 책장을 넘기면 그 마력에 다음 장을 꼭 넘기게 된다. 오래 살아남은 이야기의 끈질긴 생명력이다. 어른이 되어서 동화를 읽어 보니 아이들보단 어른들에게 더 어울리는 책이란 생각이 든다. 동심과 순수함을 그리워하는 어른이라면 말이다.

안타깝지만 우리 집의 수많은 동화책은 아이들의 관심을 받지 못한다. 우리 집 동화책들의 전성기는 지유와 찬유가 6~8세 때였다. 그때는 매일 손길과 눈길을 받다가, 아이들이 커감에 따라 동화는 어린 아이가 읽는 책이라는 선입견으로 인해 점차 관심에서 밀려났다. 그러던 중 반전이 일어났다. 매주 휴일에 아이들과 토론을 하면서 가끔씩 교재로 동화책을 쓰게 된 것이다.

내가 주로 선택하는 휴일의 가족토론 교재는 신문이다. 신문에는 세상의 다채로운 이야기가 담겨 있다. 신문도 동화 못지않게 질문과 대화, 토론을 이끌어내는 강력한 힘이 있다. 하지만 이야기의 힘은 동화가 더 세다.

아이가 있는 집이라면 분명 동화책을 구비해놓았을 테다. 자세히 보면 과학동화, 위인동화, 철학동화 등으로 구분됨을 알 수 있다. 어떤 차이가 있을까? 과학동화는 세상의 여러 원리들에 대해 아이와 대화를 나누기에 적합하다. 우리 집에 있는 과학동화로는 《봄 여름 가을 겨울》, 《우주선을 타고 우주로 가다》, 《별을 사랑하는 사람들》 등이 있는데 어려운 과학원리를 아주 쉽게 풀어놓아서 아이와 부모가 함께 읽고 대화하기에 부담이 없다.

위인동화는 아이들의 인성을 기르고 진로 코칭을 해주는 데 안성맞춤이다. 예를 들어 스필버그 위인전을 함께 읽고 그의 삶을 되짚어보며 대화를 나누다 보면 왜 그가 세계 최고의 영화감독이 되었는지 그 비결을 자연스럽게 알 수 있다. 내가 생각하는 최고의 진로 코칭 방법 중 하나이다.

그런가 하면 철학동화는 메시지가 분명하고 여러 생각을 하게 만들어서 아이의 사고력과 창의력을 키워주는 데 탁월하다. 철학동화를 읽고 다양한 질문을 끄집어내어 대화하다 보면 어느새 우리 집 식탁은 생각을 주고받는 아테네 광장이 된다.

동화에는 촉촉함이 있다. 잃어버린 감성을 다시 일깨워줄 동화를 다시 꺼내 아이와 함께 읽어보자. 다시 읽으면 대화가 없는 삭막한 식탁에 생생한 활기가 돌 것이다. 가족들이 모여서 동화를 함께 읽으면 세상에서 가장 행복한 동화의 주인공이 될 수 있다. 그 시간을 통해 일주일의 피로를 씻고 내일의 행복 에너지를 얻을 수 있다. 그 정도면 최고의 부모라고 자부심을 가져도 모자람이 없다.

이렇게 하세요! ✓

동화로 질문하고 토론하는 방법

- **동화책을 아이와 나눠서 읽는다.** 읽다가 틀리면 다음 사람으로 넘어가기 또는 쪽별로 나눠 읽기 방법을 활용한다.
- 다 읽고 나서 **각자 핵심 키워드를 적고, 그 이유를 설명한다.**
- 노트에 동화와 **연관된 질문을 써본다.**
  예) 등장인물, 사건, 등장인물의 행동과 선택, 미래 예측, 연상되는 질문 등
- **질문을 하나씩 공개하고, 그 질문에 대한 생각을 주고받으며 대화를 나눈다.**
- 대화가 끝나면 동화에 대한 **한 줄 평을 하고 그 이유를 설명한다.**

한 줄 평과
그 이유는?

실제 사례로 배우기

편견을 이겨내고 꿈을 이룰 수 있었던 이유

《노래하고 싶어》라는 책은 철학동화이다. 아이들과 함께 읽으면서 세계적인 오페라 가수 폴 포츠(책 속 이름은 잭)를 모티브로 한 이야기라는 걸 알았다. 어린 시절 못생겼다고 놀림을 받던 주인공 잭이 시련을 극복하고 오페라 가수의 꿈을 이루는 이야기이다. 아이들과 외모 비하, 왕따, 선입견, 희망, 시련, 노력, 성공에 관한 여러 이야기를 나눌 수 있었다.

아빠 한 쪽씩 읽어보자. (다 읽고 나서) 핵심 키워드를 말해볼까?

찬유 난 '희망, 노래, 잭'이라고 적었어.

아빠 그중에서 가장 중요한 거 하나를 골라볼래?

찬유 희망!

아빠 왜?

찬유 희망이 있어야 모든 것을 이룰 수 있으니까.

아빠 (하이파이브) 지유는?

지유 노력과 희망! 희망을 가지고 노래를 불렀으니까. 그리고 노력해서 극복했어.

아빠 (하이파이브) 아빠는 쿵쾅쿵쾅으로 했어.

찬유 웃기다. 왜?

아빠 친구들이 어릴 때부터 못생겼다고 놀려서 학교에 가면 가슴이 쿵쾅쿵쾅거렸잖아. 그런 두려움이 어른이 된 후에도 이어져서 휴대폰 가게에서 일할 때 사람들이 와서 뭘 물어보면 가슴이 쿵쾅쿵쾅거려서 힘들었어. 잭이 어렸을 때 놀림받지 않았더라면 괜찮았을 텐데. 그래서 골랐어.

엄마 나는 '소름 끼치도록 아름다워요'를 골랐어. 잭이 오디션에서 노래를 불렀을 때 사람들이 감동해서 이 말을 했잖아. 잭의 꿈이 이뤄진 순간이어서 나도 감동받았거든.

아빠 이제 각자 질문을 써보자. 잭, 친구들, 희망, 오디션 등 책에서 나왔던 여러 이야기에서 질문을 떠올리면 되는 거야. 책에 나오지는 않지만 연관되는 질문을 써도 좋아.

못 생기면 노래를 못 부를까?

잭은 어떻게 강한 정신력을 가지고 끝까지 노래를 불렀을까?

희망이란 무엇일까?

잭이 오페라를 부른다고 했을 때 심사위원은 왜 시큰둥했을까?

잭은 왜 노래를 부르면 마음이 편안해질까?

희망은 어디서부터 생기는가?

잭은 노래의 희망을 얼마나 가지고 있는가?

지유의 질문

잭이 휴대폰 가게에서 일할 때 손님들이 물어봐도 제대로 대답하지 못한 것은 (왕따) 후유증인가?

잭은 관중들의 박수 소리를 들었을 때 기분이 어땠을까?

희망은 누구에게나 꼭 필요할까?

잭은 왜 못생겼다는 이유만으로 따돌림을 당했나?

끝까지 노력해서 결국 성공했을 때 잭은 강한 성취감을 느꼈을까?

잭은 왜 오페라 가수가 되고 싶었을까?

잭에게 희망이 없었다면 어떤 삶을 살았을까?

희망은 사람에게 어떤 힘을 주는가?

잭의 친구들은 왜 잭을 놀렸는가?

어릴 때부터 놀림을 받은 결과, 잭의 성격은 어떻게 변화되었을까?

잭의 노래를 들은 청중들은 왜 감동했을까?

감동은 언제 생겨나는가?

희망을 이루면 희망은 사라지는가?

잭은 오페라 가수가 되면서 부끄러움을 많이 타는 성격이 변화되었을까?

희망이 있는 사람과 없는 사람의 차이점은 무엇일까?

얼굴이 못생겼다고 왜 놀리는 걸까?

잭은 놀림 받았을 때 왜 당당하게 하지 말라고 말하지 못했을까?

잭은 왜 노래를 들었을 때 마음이 편안해졌을까?

잭은 왜 얼굴이 못 생기면 노래를 부를 수 없다고 생각했을까?

잭이 희망을 갖게 된 이유는?

잭에게 오페라 공부는 어떤 의미였을까?

무대 위에서 노래를 불렀을 때 잭은 어떤 기분이었을까?

"소름 끼치도록 아름다워요" 등의 반응에 잭은 어떤 생각이 들었을까?

잭이 노래 부르기를 포기했다면 지금 어떤 삶을 살고 있을까?

나는 어떤 것을 할 때 마음이 편해질까?

내가 힘들 때 위로가 될 수 있는 것은 무엇인가?

내가 생각하는 희망은?

나도 다른 사람들에게 희망을 줄 수 있을까?

••• 주인공이 겪은 어려움은 어떤 것인가?

아빠 먼저 찬유 질문으로 해볼까?

찬유 못생기면 노래를 못 부를까?

엄마 찬유는 어떻게 생각해?

찬유 난 아니라고 생각해. 외모하고 노래는 상관이 없어.

엄마 그런데 잭은 스스로 못생기면 노래를 못 부른다고 생각했잖아. 왜 그런 생각을 가졌을까?

지유 잭은 계속 놀림을 받아서 자신감이 없어졌거든.

아빠 지유가 한 질문하고 연결되네. 지유 질문이 뭐였지?

지유 잭이 휴대폰 가게에서 일할 때 손님들이 물어봐도 제대로 대답하지 못한 것은 (왕따) 후유증인가?

아빠 좋아. 지유는 어떻게 생각해?

지유 응, 어릴 때 놀림을 많이 받으면 성격이 소심하게 변해.

아빠 지유는 친구한테 놀림 받은 적 있니?

지유 있지. 별명으로 놀림 받아. 내 별명이 지우개거든.

엄마 지유는 기분이 어때?

지유 괜찮아. 학교에서 친구들끼리 이름 가지고 많이 놀리고 그래.

엄마 그렇구나. 학교에서 지유 별명이 지우개라는 건 처음 알았네. 잭과 지유가 받은 놀림에는 어떤 차이가 있을까?

지유 잭의 친구들은 기분 나쁘게 놀린 거고, 내 친구들은 재미있게 놀리는 거야.

아빠 다음은 엄마 질문으로 해보자. 얼굴이 못생기면 왜 놀릴까?

찬유 그건 차별이야.

지유 외모지상주의야.

찬유 외모지상주의가 뭐야?

지유 외모만 따지는 거야. 잘생기면 최고라고 생각하는 거야.

아빠 생긴 거랑 성격과 상관이 있을까?

찬유 없어. 그런데 난 잘생겼는데 착해.

지유 그랬어?

아빠 하하. 우리 지유는 예쁜데 착해. 그런데 얼굴을 가지고 차별하거나 놀리는 건 옳은 일이야, 옳지 못한 일이야?

지유 옳지 못한 행동이야.

••• 그럼에도 불구하고 희망을 놓지 않은 결과는?

아빠 다음은 아빠 질문이야. 희망이 없었다면 잭은 어떤 삶을 살았을까?

지유 비참하게 살았을 것 같아. 잘못하면 범죄자가 됐을 수도 있어.

찬유 응, 일자리를 못 찾아서 먹고 살기 어려워 범죄자가 됐을지도 몰라.

아빠 희망이 없었으면 도전하지 않았을 테고, 오페라 가수도 안 됐겠지. 소심하고 평범하게 살지 않았을까 싶어. 다음 질문은 찬유 차례야.

찬유 잭은 어떻게 강한 정신력을 가지고 끝까지 노래를 불렀을까?

아빠 찬유는 어떻게 생각해?

찬유 인내심과 희망 덕분이지. 희망이 없었다면 관중들이 수군거렸을 때 중간에 포기했을 거야. 그런데 희망이 있었기 때문에 끝까지 부른 거야. 그리고 인내심도 있었어. 만약에 인내심이 없었다면 끝까지 못 불렀을 거야.

지유 관중들의 박수 소리를 들었을 때, 잭은 어떤 기분이었을까?

찬유 좋았을 거야. 흥분되고. 인생에서 처음 받은 박수니까 날아갈 것 같은 기분이었을 것 같아.

아빠 외롭고 슬플 때 혼자서 불렀던 노래였잖아. 누구도 자신의 노래에 주목하지 않았는데 박수 소리를 들었을 때는 '아! 드디어 꿈이 이뤄졌다'라는 생각에 기뻤을 거야.

엄마 자신감이 생겨서 '나도 할 수 있구나!'라는 생각이 들었을 것 같아.

••• 잭의 노래처럼, 내게 위로가 되는 것은?

엄마 힘들 때 무엇을 하면 위로가 될까?

찬유 친구들과 재밌게 놀면 위로가 돼. 그리고 선물 받으면 위로가 돼.

엄마 잔잔한 노래를 듣고 산책하는 거. 혼자만의 시간을 가지면 좋아.

아빠 아빠는 힘들 때 가족을 생각하면 힘이 돼. 그리고 산책을 하면 위로가 돼.

지유 친구랑 버스 타고 놀러 가면 좋아.

••• 희망이란 무엇이며, 삶에 어떤 영향을 미치는가?

아빠 희망은 사람에게 어떤 힘을 주는가?

찬유 자기 꿈을 이룰 수 있는 힘. 다른 희망을 가질 수 있는 힘!

지유 무언가를 성공시킬 수 있는 힘!

엄마 도전하는 힘!

아빠 슬프고 힘든 것을 견뎌낼 수 힘! 또 뭐가 있을까? (아무도 대답하지 않음) 희망은 마음속에 가지고 있지만 보이지 않는 잠재력을 끄집어내는 힘이 있어. 잭은 예전부터 노래를 잘 불렀지만 자신감이 없으니까 남들 앞에서 노래를 못 불렀잖아.

찬유 맞아. 희망이 있었기 때문에 힘든 걸 떠올리면서 잠재력을 발휘했어.

엄마 희망은 자기가 가진 능력보다 더 큰 능력을 발휘할 힘을 주는 것 같아.

찬유 희망이란 무엇일까?

지유 희 자가 희노애락 할 때 그 기쁠 희(喜) 자 아닌가?

엄마 바랄 희(希) 자 아닐까?

아빠 밝을 희(熙)에 바랄 망(望) 자 같은데.

찬유 난 바랄 희(希)에 바랄 망(望) 자 일 것 같아.

엄마 내가 검색해 볼게. (스마트폰 검색 후) 바랄 희, 바랄 망이네. 우와! 찬유가 맞췄다.

아빠 간절히 바라고 바라는 거구나. 찬유는 간절히 바라는 게 뭐니?

찬유 자유로움. 혼자 모든 것을 할 수 있는 자유.

엄마 찬유는 왜 자유로움을 바라니?

찬유 공부할 땐 공부하고, 놀 땐 놀고. 모든 걸 내가 선택해서 하고 싶어.

아빠 너 지금 그렇게 하고 있는 거 아니야?

찬유 아니야. 공부할 때 놀고 싶은 경우도 있단 말이야.

아빠 그래? 이제는 찬유가 혼자서 결정하고 모든 걸 자유롭게 해봐.

찬유 좋아!

아빠 지유가 간절히 원하는 건 뭐니?

지유 내가 좋아하는 옷을 많이 사고 싶어. 그리고 공부를 잘하고 싶어.

아빠 지유는 공부 잘하고 있잖아.

지유 아닌데.

엄마 왜? 우리 딸 시험 치면 성적도 잘 나오잖아.

아빠 잘 봐. A와 B가 수학시험을 봤는데 똑같이 80점이 나왔어. A는 '시험을 잘 봤어!'라고 하며 기분이 좋아. 그런데 B는 '시험을 망쳤다'며 기분이 안 좋아. 지유는 어떤 사람이 되고 싶어?

지유 A 같은 사람!

아빠 그래! 지유는 지금 잘하고 있으니까. 자신감을 좀 더 가지면 좋겠다.

●●● 희망이 없으면 어떻게 될까?

지유 희망은 어떤 사람에게 가장 필요할까?

찬유 희망이 없는 사람!

아빠 지금 막 희망을 이룬 사람.

엄마 도전했는데 자꾸 실패하는 사람. 이런 사람에게 희망은 꼭 필요해. 희망이 없으면 금방 포기해버릴 테니까.

지유 슬프고 외로운 사람. 희망을 가지면 기분이 좋아지고 책처럼 외로워도 참을 수 있어.

아빠 희망이 있는 사람과 없는 사람의 차이는 뭘까?

찬유 희망이 있는 사람은 긍정적인데, 희망이 없는 사람은 부정적이야.

아빠 긍정적인 사람과 부정적인 사람의 인생은 어떻게 다를까?

찬유 긍정적인 사람은 행복한데, 부정적인 사람은 행복을 못 느껴.

지유 뭔가 새롭게 시작을 할 수 있고, 없고의 차이.

아빠 희망이 있는 사람은 마음속으로 '난 그걸 할 거야. 그걸 해낸다면 얼마나 좋을까'하고 생각하면 언제든 기분이 좋아져. 반대로 부정적인 사람은 '난 못 할 거야. 내가 어떻게 그걸 해낼 수 있겠어. 난 희망도 없고 하고 싶은 것도 없어'라며 늘 울상이지.

찬유 그러다 자살해.

아빠 자살하는 사람의 특징이 삶에 희망이 없다는 거야. 그래서 희망은 행복의 가장 중요한 조건이야. 내가 사고를 당해서 크게 다쳤는데……

찬유 희망이 있는 사람은 다시 치료하고 새롭게 희망을 가져. 희망이 없는 사람은 큰 사고를 당하면 자살할 수도 있어.

아빠 희망은 삶과 죽음을 가르는 기준이야. 행복과 불행도 희망에 따라 달라져.

찬유 희망이 있으면 꿈도 있어. 그걸 이루려고 노력하니까 꿈이 이뤄지는 거야. 희망이 없는 사람은 꿈이 없으니까 꿈을 이룰 수가 없어.

지유 희망이 있는 사람은 성공하고, 희망이 없는 사람은 성공하지 못해.

아빠 희망이 있는 사람은 긍정적이니까 표정이 밝은데, 희망이 없는 사람은 부정적이니까 표정이 어두워.

엄마 희망은 주위 사람에도 영향을 끼치는 것 같아.

찬유 희망이 있는 사람은 옆에 사람들한테 "이거 해봐! 해봐!"라고 권해서 주위까지 희망을 심어줘. 희망이 없는 사람은 다른 사람한테 "난 안돼!"라고 자꾸 이야기해서 주위까지 부정적으로 만들어. 그래서 원래 희망을 가지고 있던 사람까지도 희망을 잃게 돼.

아빠 희망이 있는 사람은 오래 살 것 같아.

지유 희망이 있는 사람은 긍정적인 생각을 하니까 좋은 성분들이 나와서 오래 사는데, 부정적인 사람은 안 좋은 성분들이 나와서 오래 못 살아.

엄마 희망이 있는 사람은 큰일을 당해도 극복해내는데, 희망이 없는 사람은 극복하지 못해. 희망이 있고 없고의 차이가 크지 않을 거라 생각했는데 이렇게 많구나.

아빠 희망을 이루면 희망은 사라지는가?

지유 아니, 희망이 이뤄지면 또 다른 희망이 생겨.

찬유 긍정적으로 새로운 희망을 계속 만들고, 이뤄나가.

아빠 희망이 있는 사람은 자기의 삶 속에서 늘 새로운 희망을 찾는 노력을 하는 것 같아. '야! 나는 새로운 희망이 생겼다'라며 그걸 이뤄나가는 과정을 즐겨서 그게 행복으로 연결되는 것 같아.

••• 한 줄 평으로 정리하기

아빠 마지막으로 한 줄 평해보자.

찬유 희망은 희망에서 나온다. 또 있어. 나의 마음 안에 희망이 있어야 하고 싶은 걸 한다.

지유 희망을 갖자.

엄마 사람은 누구나 다른 사람에게 희망을 줄 수 있는 무언가가 있다.

아빠 희망이 행복을 만든다.

인성과 창의력, 문제해결력을 키우는 질문법

인성을 키우는 입장 바꾸기 질문법 • 창의력을 키우는 브레인스토밍 질문놀이 • 문제해결력을 키우는 질문 대화법

13

4차 산업혁명 시대,

진짜 필요한 경쟁력은 인성이다

인성을 키우는 입장 바꾸기 질문법

다가오는 인공지능 시대, 21세기 역량을 어떻게 키워줄 것인가?

다보스 포럼을 만든 클라우스 슈밥은 판을 크게 벌이는 데 가히 천재적인 인물이다. 유대계 독일인인 그는 휴가 때면 스위스의 시골 동네 다보스를 찾았다. 그리고 휴가지에서 큰 그림을 그렸다. 그 결과 1971년 다보스에 비영리재단을 만들고 세계경제포럼(World Economic Forum: WEF)이라는 이름을 붙였다. 오늘날 다보스 포럼은 미국 대통령까지 참여하는 세계 경제 올림픽이 되었다.

그런 그가 2016년 화두로 꺼내 든 것이 바로 4차 산업혁명이다.

잔잔한 물에 돌을 던지면 파장이 일어난다. 물은 제자리에서 출렁일 뿐인데 착시현상으로 물이 움직이는 것으로 보인다. 슈밥이 던진 4차 산업혁명에 한국이 가장 민감하게 움직였다. 덕분에 한국은 타의든 자의든 지금 4차 산업혁명 시대를 살고 있다. 그러나 4차 산업혁명이 뭐냐고 물으면 대답하기가 쉽지 않다. 슈밥은 4차 산업혁명을 이렇게 정의했다.

4차 산업혁명은 테크(Tech)가 아니라, 휴머니티(Humanity)다.

••• 인공지능 시대, 인성이 곧 경쟁력이다

휴머니티는 인성을 말한다. 인성은 사람의 본성이다. 슈밥은 4차 산업혁명 시대에 왜 인성을 말하는가?

AI(인공지능)는 4차 산업혁명의 단짝이다. 작년에 2만 명이 일하는 중국공장에 AI가 투입된 이후, 현재 그 공장에 남은 인력은 단 백 명뿐이다. 그런가 하면 최근 일본의 호텔에서는 AI가 안내를 하고, 두바이의 레스토랑에서는 AI가 심지어 요리까지 만든다고 한다. AI를 흔하게 보는 세상이다.

한국인들에게는 AI가 현실로 훅 다가온 계기가 조금 더 빨랐다. 바로 이세돌과 알파고가 승부를 벌이는 세계적 이벤트를 통해서였다. 그때가 2016년이다. 슈밥이 4차 산업혁명을 말하던 시기와 일치한다. 우연인가? 우리는 역사상 처음으로 AI와 함께 살아가는 첫 인류로 기록될 것이다.

AI는 우리의 일상 속으로 점점 더 깊이 파고들고 있다. 영국의 마크 브래드와 로티 레저 부부는 "생후 18개월 아들이 처음 한 말이 엄마와 아빠가 아닌 알렉사였다"고 밝혔다. 알렉사는 아마존에서 개발해 판매하는 AI 스피커이다. 남의 일이 아니다. 한국은 2018년 1분기에만 AI 스피커가 73만 대나 팔려 관련 부문 세계 3대 시장에 올랐다. 아이의 대화 상대가 부모와 친구가 아닌 AI가 되는 세상이 현실로 다가오고 있다. 득과 실은 시간이 흘러야 드러날 것이다.

처음에 슈밥이 인성을 말할 때 나 또한 의문을 품었다. 4차 산업혁명과 인성이 도대체 무슨 관계인가, 하고. 시간이 지나면서 이제야 깨닫고 있다. 인간이 AI를 넘어서는 것은 인성밖에 없다. 슈밥은 미래를 정확하게 보았다.

AI는 지금 거침없이 인간의 영역을 장악하고 있다. 하지만 AI에는 한계가 있다. 바로 인성이다. AI가 인성을 흉내 낼 수는 있어도 가질 수는 없다. 그게 AI와 사람과의 결정적인 차이다. 그래서 인간만의 고유한 인성을 기르는 것이 매우 중요해졌다.

그렇다면 아이의 인성을 어떻게 기를 것인가?

••• 내 아이를 위한 좋은 인성교육법

인성은 10가지 덕목으로 이뤄져 있다. 존중, 질서, 협동, 예의, 자주, 책임, 끈기, 도전, 성실, 공정이다. 10가지를 아우르는 하나의 단어는 공감과 배려이다. 우리가 흔히 말하는 인성이 좋은 사람은 타인의 마음을 공감하고 배려하는 사람이다. 인성의 10가지 덕목은 모두 사람에 대한 공감과 배려에 바탕을 두고 있다.

케네디 대통령의 어머니 로즈 여사가 9남매에게 가장 많이 했던 질문은 "너라면 어떻게 했을까?"였다. 끊임없이 상대방의 입장에서 생각해보도록 한 것이다. 타인의 입장이 되서 생각해보면 자연스럽게 공감이 생긴다. 공감은 배려로 이어진다. 로즈 여사는 9남매에게 역사 이야기를 자주 들려주었다. 이야기 도중 등장인물 간에 갈등이 생기거나, 어떠한 선택을 해야 하는 상황이 생기면 이렇게 질문했다.

"네가 대통령이었다면, 노예였다면, 장군이였다면, 부모였다면 어떻게 했을까?"

9남매는 자신이 역사의 주인공이 되어 생각할 기회를 가졌다. 9남매 중에 대통령, 장관, 상원의원 등 오늘날 역사의 주인공이 된 인물이 많이 나온 것은 우연이 아니다.

••• 남다른 아이로 키우는 부모의 남다른 질문

2012년 미국의 유수 언론들은 차기 세계은행 총재로 힐러리 클린턴이 유력하다고 보도했다. 그러나 오바마는 세계은행 총재로 김용을 지명해 세계를 놀라게 했다. 그동안 세계은행 총재는 거물 정치인과 경제인들이 주로 임명되었다. 그는 아프리카에서 의료구호 활동을 펼치던 평범한 의사였다. 그런 사람이 어떻게 세계은행 총재가 되었을까? 김용은 성공비결과 관련해 "어머니가 밥상머리에서 했던 위대한 질문이 자신을 만들었다"라고 말했다.

"세상에 무슨 일이 일어나고 있나?"

"넌 세상에 무엇을 줄 수 있니?"

"누가 가장 위대한 생각을 하는 사람이니?"

김용의 어머니 전옥숙 여사는 식사 시간이면 세상의 여러 이슈와 사람에 대해 질문하고 대화를 나누었다. "세상에 무슨 일이 일어나고 있니?"는 세상 일에 대한 아들의 공감능력을 키웠다. "넌 세상에 무엇을 줄 수 있니?"는 타인에 대한 배려심을, "누가 가장 위대한 생각을 하는 사람이니?"는 큰 생각을 하는 아이로 만들었다. 훗날 김용은 말했다.

"어머니의 질문 덕분에, 나는 시골에 살고 있었지만 우리 형제가 생각하는 세계는 무한히 컸다."

김용이 의사가 되자마자 아프리카로 떠나 오랫동안 의료구호활동을 펼친 것은 어머니의 질문 덕분이었다. 지금 김용은 세계은행에서 매일 세상에 무슨 일이 일어나고 있는지 살피고, 세상에 무엇을 줄 것인지 고민하는 위대한 일을 하고 있다. 그것은 어머니의 질문이 낳은 계획된 우연이다.

●●● 아이의 인성교육은 부모의 영역이다

인성교육진흥법이 제정되면서 학교에서 인성교육을 의무적으로 하고 있다. 안 하는 것보다는 낫겠지만 학교에서 일 년에 몇 시간 단기적으로 인성을 가르친다고 해서 아이가 변화될까? 우리가 학교에서 수년 동안 도덕을 배웠지만 그때 배운 도덕이 잘 지켜지고 있는지는 의문이다.

인성은 갑자기 생겨나는 것도 아니고, 타고 나는 품성도 아니다. 아이의 인성은 부모에게서 나온다. 부모의 말과 행동이 아이의 인성에 가장 큰 영향을 미친다. 아이의 인성교육은 결국 부모의 영역이다.

그러나 공부 잘하는 아이는 많아도 인성이 훌륭한 아이는 드물다. 그래서 '당신의 아이는 인성이 좋냐'고 묻는다면 나도 명쾌하게 대답을 할 수가 없다. 그러나 "점점 좋아지고 있다"라고는 확실히 말할 수 있다. 나와 아내가 그런 변화를 느끼고 있기 때문이다.

내가 아이에게 하는 인성교육은 로즈 여사와 김용의 어머니가 했던 질문과 똑같다.

"네가 그 사람이라면 어떤 기분이겠니?"

"네가 그 사람이라면 어떻게 행동했을까?"

남의 입장에서 생각해보는 것이야말로 최고의 인성교육이다. 교육학자로서 꽤 오랫동안 인성교육을 연구하고, 아이들과 집에서 실험해본 결론이다. 쉽고 간단하지만 가장 효과가 좋다.

••• 너라면 어떨 것 같니?

얼마 전, 찬유가 불만스러운 말투로 나에게 말했다.

"오늘 선생님께 혼났어."

"찬유가 선생님이었다면 혼을 냈을까?"

"……으응."

"왜?"

"수업을 하는데 내가 옆에 친구랑 떠드니까. 다른 친구들에게 선생님 말씀이 잘 안 들리잖아."

"그럼, 찬유를 혼낸 선생님을 이제 이해하니?"

"응."

"그럼 수업시간에는 어떻게 해야 해?"

"떠들면 안 돼."

"왜?"

"선생님하고 다른 친구들한테 방해되니까."

우리 부부는 아이들과 갈등이 생기면 "지유가 아빠라면 기분이 어떨까? 찬유가 엄마라면 어떨까?"라고 질문한다. 그러면 아이들은 스스로 자기의 잘못을 깨닫는다. 때로는 아이들이 나의 잘못을 일깨우기도 한다. 나는 수시로 아이들에게 "너라면 어떻게 할 거니?"라고 묻는다.

지유는 밥을 먹고 나서 요플레를 자주 먹는다. 그런데 얼마 전까지만 해도 자기 먹을 것만 챙겨와서 혼자 먹었다. 나는 이렇게 물었다.

"지유야! 아빠가 밥 차릴 때 아빠 것만 가져와서 먹으면 네 기분이 어떨 것 같아?"

"안 좋아."

"지유가 맛있게 과자를 먹는데 옆에 있는 친구한테 '먹어볼래?'라고 묻지도 않고 혼자 맛있게 먹으면 그 친구 기분이 어떻겠니?"

"먹고 싶어져."

"그럼 어떡하면 좋을까?"

"먹기 전에 친구한테 물어보는 게 좋아."

그 이후로 지유는 요플레를 먹기 전에 항상 엄마, 아빠, 동생에게 묻는다. 먹는다고 하면 그 수량만큼 요플레를 가져오고 떠먹는 숟가락도 꼭 챙겨준다. 그러면 아내와 나는 물론 찬유도 지유에게 꼭 고맙다고 말한다. 그 순간 지유의 표정이 뿌듯해진다.

주말토론 때도 마찬가지다. 아이들에게 신문기사에 등장하는 여러 인물의 입장에서 생각해보라고 한다. 만약 최저시급 인상에 관한 기사라면 편의점에서 아르바이트를 하는 사람의 입장, 편의점 사장의 입장, 정책을 펼치는 대통령의 입장에서 생각하도록 질문한다. 이런 질문을 자주 받은 아이는 한쪽으로 치우치지 않는 균형감각과 하나의 문제를 멀찌감치 물러서서 다양한 측면에서 바라보는 안목을 가지게 된다.

이처럼 균형 잡힌 생각이 차곡차곡 쌓이면 생각하는 인성, 공감하는 인성, 배려하는 인성, 사람다운 인성이 만들어진다. 질문이 인성을 만든다. 그리고 그 질문은 부모의 몫이다.

아이의 인성을 키우는 부모의 질문법

너라면 어땠을까?

- 일상생활과 갈등의 상황에서 다양한 사람들의 입장에서 생각해보도록 '너라면?'이라고 자주 질문한다.
- 신문과 책을 읽고 등장인물이 되어서 생각해보도록 질문 한다.

  예) 너라면 어떻게 행동을 했겠니?

  네가 장애인이라면 어떤 기분이었겠니?

  네가 대통령이었다면 어떤 결정을 내릴 거니?
- 아이가 대답하면 '왜 그렇게 생각하니?' 라고 질문꼬리물기를 하며 대화를 계속 이어나간다.

실제 사례로 배우기

각자의 입장에서 생각해보는 제주도 난민 문제

신문을 보다가 제주도에 500명 이상의 예멘 난민 신청자들이 머무르고 있다는 사실을 알게 되었다. 우리 가족은 제주도로 여름휴가를 떠날 예정이어서 관심 있게 기사를 읽었다. 난민 수용 찬성과 반대, 난민법 개정 등 여러 의견이 짧은 신문기사 속에서 대립하고 있었다. 특히 20만 명이 넘는 국민들이 수용 반대를 청와대 홈페이지에 청원하면서 정부도 확실한 답변을 해야 하는 상황이 되었다. 저녁밥상에서 대화를 나누기에는 딱 좋은 소재였다. 저녁밥을 먹기 전에 아이들에게 기사를 먼저 읽어주었다.

아빠 예멘 난민 신청 문제에 관련된 사람이 많네. 어떤 사람들이 있을까?

지유 청와대, 제주도민.

찬유 우리나라 시민……. 우리 여름에 제주도 가기로 했잖아.

지유 우리 같이 제주도에 여행 가려고 하는 사람들이 관심이 많아.

엄마 유럽에서나 보던 일이 우리나라에서도 벌어졌어. 난민들이 대규

모로 건너오면 언젠가는 자신이 사는 동네에도 올 수 있으니까 사람들이 관심을 많이 가지는 것 같아.

아빠 그다음에 관련되는 사람이 또 누가 있지?

찬유 예멘 사람 감단(기자와 인터뷰를 한 22살의 예멘 청년)하고 예멘이라는 나라.

••• 내가 예멘의 지도자 또는 예멘 시민이라면?

아빠 지유와 찬유가 예멘 대통령이라면 자기 국민이 한국에 난민 신청하는 걸 좋아할까?

지유 아니, 안 좋아. 인구가 계속 줄어드니까.

찬유 나도. 제주도는 살기 좋으니까 소문이 나면 예멘 사람들이 계속 올 것 같아.

아빠 신문에 나온 감단은 왜 제주도로 왔다고 했지?

찬유 군대에 강제로 끌고 가고……. 생각이 다르면 죽인다고 했어. 그게 겁나니까 도망쳤다고 했어.

엄마 군대에 강제로 끌고 가라고 명령한 사람이 누구니?

지유 대통령.

아빠 작년에는 예멘 사람 42명이 난민 신청을 했는데, 올해는 몇 명이라고 했지?

지유 519명이래.

아빠 지유가 잘 기억하네. 예멘 사람들이 계속 도망치고 있는데 지유와 찬유가 예멘 대통령이면 어떻게 할 거야?

지유 못 가게 막을 거야.

엄마 비슷한 사례가 있어. 어디일까?

지유 북한이 그래. 탈북자들을 못 가게 막고 있어.

아빠 지유는 못 가게 막는다고 했는데 막을 방법이 있을까?

찬유 설득을 할 거야. 먹을 것도 주고, 돈도 주고.

지유 나는 대가를 줄 거야. 감단은 군대에 강제로 가기 싫어서 왔다고 했으니까 그걸 중단할 거야.

아빠 (지유와 찬유 하이파이브) 둘 다 좋은 방법이다. 설득하면서 대가를 주면 탈출하는 사람이 줄어들겠다. 이번에는 우리가 감단이라고 생각해보자. 감단은 어떤 마음으로 한국에 왔을까?

찬유 기분은 안 좋지만 자유가 중요하니까 한국으로 넘어왔어.

지유 슬프고 기쁜 마음! 가족을 다 두고 왔으니까 슬프지만, 자유도 얻고 일자리도 얻어서 기쁜 마음도 있어.

엄마 두 가지 마음이 공존하는구나. 하지만 찬유가 말한 자유와 지유가 말한 기쁨이 더 크니까 왔을 거야.

아빠 감단을 예멘으로 다시 돌려보내야 할까?

지유, 찬유 안 돼!

••• 내가 제주도에 사는 사람이라면?

아빠 자! 이번에는 제주도민이 되어보자. 집 밖에 나갔는데 신문기사처럼 예멘 사람들이 풀밭에서 큰절을 하고 있어. 이슬람 사람들은 하루 5번씩 그렇게 절을 하거든. 그리고 동네에 갑자기 예멘 사람들이 많이 보여. 어떨 것 같아?

지유 기분이 안 좋아. 그리고 좀 무서워.

찬유 웃길 것 같아.

아빠 종교가 나쁜 건가?

지유 종교가 나쁜 건 아니야.

아빠 우리나라는 종교의 자유가 있는 나라야. 이슬람 사람이라고 해서 다 테러를 하는 사람인가?

지유 아니.

아빠 이슬람 사람 중에서도 테러하는 사람은 아주 적어. 그리고 이슬람 사람들도 과격하게 테러하는 사람을 싫어해. 그러니까 종교에 대해서 비판하는 것은 옳지 못한 생각이야. 그런 걸 차별이라고 하는 거야. 이슬람 사람들이 미국이나 유럽에서 테러를 많이 하는 이유

중에는 자신들이 종교적으로 차별받는다고 생각하는 부분이 클 거야.

엄마 만약 제주도에서 난민 수용 찬반투표를 한다면 지유와 찬유는 뭘 선택할 거야?

지유 난 반대야. 테러 가능성이 있어.

아빠 난민 중에 테러범이 섞여서 들어올 수도 있지. 실제로 유럽에서도 그런 경우가 많거든. (식탁 옆 세계지도를 가리키며) 여기가 몰타 섬인데, 예전에는 정말 아름다운 섬이었어. 그런데 지금은 쓰레기 섬이 돼버렸어. 아프리카에서 난민들이 끊임없이 오니까 그렇게 된 거야.

좋아. 그럼 찬유는 난민 수용에 찬성을 하는 제주도민이야. 넌 왜 찬성하니?

찬유 살기 어려운 곳에서 왔는데 그냥 내쫓을 수는 없잖아. 내쫓으면 그 사람들은 죽을 수도 있어.

지유 맞아! 사람 목숨은 다 소중해.

아빠 그거 중요한 말이다. 대통령이나 일반 시민이나 목숨은 차별 없이 다 소중한 거야. 그런 측면에서 생각하면 예멘 사람들의 목숨도 소중하지.

••• 내가 제주도지사 또는 난민을 고용한 사장이라면?

아빠 이번에는 지유와 찬유가 제주도지사가 되어볼까? 지금 가장 머리 아픈 사람 중에 한 명일 거야. 아시아에서 유일하게 난민법이 있는 나라가 한국이라고 신문에 나왔잖아. 그러면 법을 따라야 하니까 강제로 내쫓을 수 없어. 만약에 난민이 한 명이라면 찬유는 어떻게 할 거니?

찬유 당연히 지원해줘야지.

아빠 왜?

지유 한 명이면 돈이 적게 들잖아.

찬유 혼자서 테러를 하기는 어렵잖아.

아빠 그래. 한 명이면 돈도 적게 들고 관리가 쉬우니까 테러 위험도 낮아. 그런데 지금은 500명이잖아. 제주도지사로서 어떻게 할 거니?

지유 취업을 시켜서 돈을 벌 수 있도록 도와줘야 해.

엄마 실제로 제주도에서 양식장과 어부로 200명을 취업시켰대. 요즘 일자리가 없어서 난리인데 어떻게 취업이 빨리 됐을까? 지유와 찬유가 양식장 사장이라고 생각하고 이야기해볼래?

아빠 (대답 못함) 한국 사람을 고용해도 되는데 왜 예멘 사람을 고용했을까? 철저하게 사장의 입장에서 생각해봐.

지유 인건비가 싸서…….

아빠 (하이파이브) 그게 맞을 거야. 사장은 장사하는 사람이니까 뭐가 우선이야?

찬유 돈!

아빠 (하이파이브) 장사하는 사람들은 철저하게 이득을 따진단 말이야. 예멘 사람들은 돈을 조금만 줘도 일을 하니까 남는 장사잖아. 나중에 문제가 생기면 신고하거나 해고하면 되니까 큰 부담이 없지.

●●● 내가 우리나라 대통령이라면?

아빠 청와대 청원이 20만 명이 넘어서 답변을 해야 되는 상황이야. 너희가 문재인 대통령이라면 어떻게 할 거야?

찬유 일부만 받아줄 거야.

엄마 받는 사람과 안 받는 사람을 어떻게 정해?

찬유 제비뽑기로. 하하하.

아빠 아빠가 만약 난민 신청에서 떨어진 사람이라면 "나는 왜 안 받아줍니까? 내 목숨은 천한 목숨입니까? 나도 받아주세요." 이렇게 말할 거야. 그러면 어떻게 해?

찬유 아! 어렵다…….

아빠 찬유는 더 고민해봐. 지유 대통령은 어떻게 할 거니?

지유 이번까지만 다 받고 법을 바꿔서 이제 안 받을 거야.

아빠 참! 이 문제는 뜨거운 감자야. 뜨거운 감자가 무슨 말인 줄 아니?

찬유 뜨거운 감자는 못 먹잖아. 그것처럼 풀기 어려운 문제라는 거 아닐까?

아빠 오! 어떻게 알았니?

찬유 찍었어.

아빠 그래, 이 문제는 답을 내기가 참 어렵다. 너희가 지금 대통령이 돼서 고민해보니까 어때?

찬유 결정하기가 어려워.

지유 맞아.

아빠 대통령은 늘 어려운 결정을 하는 사람이야. 찬성을 하면 반대하는 사람들이 항의하고, 반대를 하면 찬성하는 사람들이 또 항의해. 아빠는 예멘 난민 문제를 보면서 옛날에 우리나라도 못 먹고 못 살 때 불법 이민을 많이 갔던 생각이 났어. 그때 한국 사람들이 다 강제 추방당했으면 어떻게 됐을까 하고.

엄마 만약 문재인 대통령이 감단을 불러서 이야기를 듣는다면 뭐라고 할 거야? 찬유가 감단이라고 생각하고 말해봐. 어쩌면 한국에서 살 수 있는 기회일지도 몰라.

찬유 제가 너무 힘들어요. 제 가족도 걱정이 돼요. 제가 여기서 추방당하면 저는 죽을 거예요. 저를 한국에서 살게 해주세요.

아빠 (하이파이브) 아빠가 문재인 대통령이라면 감단을 살려주고 싶은 생각이 들겠다.

제주도의 예멘 난민 문제는 참으로 풀기 어려운 문제다. 인도적인 관점에서는 난민 수용을 해야 하지만 테러 가능성과 추가적인 대량 난민 발생을 생각하면 수용반대도 타당하다. 아내와 난 질문을 통해 지유와 찬유가 예멘에서 탈출한 감단, 그들을 막으려는 예멘 대통령, 난민수용 결정을 내려야 하는 대통령과 도지사, 난민을 고용하는 양식장 사장, 제주도민 등 여러 사람의 입장에서 생각해보도록 했다. 아이들은 여러 이해관계자들의 각기 다른 상황을 생각해보면서 하나의 문제를 바라보는 큰 시선과 그들을 이해하는 공감의 마음을 가졌을 것이다. 아이들의 마음 밭에 인성 씨앗을 또 하나 뿌린 날이었다.

“

넌 누구냐? 세상에 무엇을 줄 수 있냐? 세상이 어떻게 보이느냐? 세상에서 가장 좋은 것이 뭐냐? 누가 가장 위대한 사고를 하는 사람이냐? 어떤 사람이 될 수 있느냐?

— 전옥숙 여사(김용 세계은행 총재의 어머니)가 아이들에게 했던 질문

”

14

인공지능 시대,
창의력 없이는 아무것도 할 수 없다

창의력을 키우는 브레인스토밍 질문놀이

상상력과 창의력을 쑥쑥 키우는 질문과 긍정의 힘

1 대 230. 무슨 숫자일까? 한국인의 노벨상 숫자와 유대인의 노벨상 숫자다. 차이가 크게 난다. 15세 기준 세계 학업 성취도에서는 한국이 최상위, 이스라엘은 30위권으로 우리가 압도하지만 의미가 없다. 학업성취가 높다는 것은 개인의 일이다. 노벨평화상과 문학상을 제외한 모든 노벨상은 새로운 발명을 해서 세상에 기여했을 때 주는 상이다. 혼자만 잘살면 무슨 의미인가?

한국인은 공부시간이 세계에서 가장 길다. 시간은 성적으로 보답한다. 그런데 이러한 공부는 딱 15세까지다. 그 나이까지는 지식을 묻는 시험이 대부분이다. 기초지식이 중요한 시기라서 그렇다. 기초지식이 어느 정도 있어야 창의력이 생긴다. 지식은 묻지도 따지지도 말고 외우면 된다. 한국의 질문 없는 교실, 암기식 교육이 아직은 세계 학업성취도 평가에서 먹히는 이유다.

그러나 성인을 기준으로 하는 세계 학업성취도가 있다면 한국의 순위는 아래에서 찾는 편이 빠를 것이다. 성인은 지식을 바탕으로 새로운 생각을 해내는 창의력을 필요로 한다. 한국 성인의 창의력은 노벨상 순위, 스타트업

순위, 연간 독서량 순위를 보면 정확하게 알 수 있다. 한국보다 노벨상을 많이 받은 나라는 34개국이고, 스타트업은 20위권이며, 연간 독서량은 OECD 평균 이하이다.

지금 우주인을 한 번 떠올려보시라. 당신이 생각하는 우주인은 대부분 영화에서 봤던 모습일 테다. 기존에 한 번도 본 적이 없는 우주인을 떠올렸다면 당신은 창의적인 사람이다. 그동안 우주인이 나오는 영화는 셀 수 없이 많지만 생김새는 다 고만고만하다. 인간의 창의력은 자기가 보고 듣고 경험한 지식을 융합해서 나온다. 이것이 바로 인간 창의력의 한계다.

••• 아이의 창의력, 어떻게 키울 수 있을까?

창의력 학습은 손에 잡히지 않는 모호한 개념이다. 초등학교의 정규과목인 '창의적 체험활동'만 봐도 알 수 있다. 선생님과 아이들은 줄여서 창체라고 부른다. 창체는 창의력을 키우기 위해서 만든 좋은 교육정책 중에 하나이다. 창의력에 관심이 많은 나는 아이들에게 "창체 시간에 뭐했니?"라고 가끔 물어본다. 그동안 돌아온 대답은 수학단원평가, 애니메이션 만들기, 진도가 느린 과목의 진도 빼기 등이다. 얼마 전, 혹시나 해서 아이들에게 또다시 물어봤다. 이날 지유의 대답은 조금 달랐다.

"창체 때는 뭐 특별히 하는 게 없는데……."

선생님들에게 창체란 무엇이며, 아이들에게 창체란 어떤 의미일까? 어려운 질문이다. 한편으로는 안타깝고 이해도 간다. 선생님 자신이 창의적으로 배우지 않았는데 어떻게 창의력을 가르치나? 그런 선생님들에게 창의력을 가르치라고 하니……. 답답하다.

내가 경험한 창의력은 어렵지 않았다. 나는 군대에서 불합리한 제도를 개선하는 제안·발명 동아리를 10년 정도 운영했었다. A 병사는 나한테서 처음으로 발명교육을 받고 국내 발명대회에 나가서 금상을 받았다. 부상으로 중국 여행권도 받았다. 전역 후에는 한국발명진흥회 자문위원으로 가끔 자문을 하고 있다. 국회에서 일할 때는 발명교육활성화지원법을 한 땀 한 땀 직접 작성하고 통과시키는 데 기여했으니 창의력에 관해서는 할 말이 많다.

내가 발명 동아리를 10년 동안 운영해보고 결론 내린 최고의 창의력 학습방법은 무엇이었을까? '왜?'라고 지속적으로 질문하고, 모든 대답에 긍정적으로 반응해주는 브레인스토밍이 그것이다.

●●● 왜 브레인스토밍인가?

브레인스토밍은 두뇌라는 뜻의 '브레인'과, 폭풍이라는 뜻의 '스토밍'이 합쳐진 단어이다. 말 그대로 뇌가 폭풍이 부는 것처럼 활성화된다는 뜻이다. 브레인스토밍은 새로운 아이디어를 뽑아낼 때 자주 쓰는 회의기법과 대화

방법의 하나이다. 대화 참여자들이 어떠한 의견을 제시해도 긍정적으로 수용해주면서 다양한 창의적인 아이디어를 끄집어내는 기법이다.

어떤 문제를 해결할 때, 불합리한 제도를 개선할 때, 발명대회를 앞두고 기발한 발명 아이디어를 생각해낼 때마다 나는 병사들과 모여서 브레인스토밍 대화를 했다. 평소 말주변이 없는 사람도, 자신의 의견을 잘 말하지 않는 내성적인 사람도 브레인스토밍을 하면 수다쟁이가 되었다. 무슨 말이든지 칭찬하고 긍정적으로 받아주니까 기분이 좋아지면서 뇌에 폭풍이 몰아친 것이다. 칭찬은 고래도 춤추게 한다고 하지 않던가. 그때 한 가지 깨달은 사실이 있다. 모든 사람들에게는 창의성이 잠재되어 있다는 것을 말이다.

내가 한 일이라고는 질문하고 칭찬한 것밖에 없었다.

얼마 전, 강의를 나갔다가 질문을 받았다.

"아이들의 창의성을 키우기 위해 어떤 노력을 해야 하나요?"

나는 이렇게 대답했다.

"두 가지가 필요합니다. 첫째는 어떤 현상과 문제에 대해서 아이에게 질문을 많이 하세요. 질문을 받은 아이는 본능적으로 답을 찾아서 말하게 됩니다. 부모에게 자신이 찾은 대답을 말하려면 머릿속에서 자신의 생각을 정리하고 필터링하는 과정이 필요합니다. 그 과정에서 좋지 않은 아이디어는 탈락하고 새로운 아이디어가 떠오릅니다. 두 번째는 반응입니다. 창의성은 결국 자기가 알고 있는 기존의 지식을 합쳐서 새로운 지식을 만들어내는 겁니다. 아이가 생각해낸 대답이 실현 가능성이 없고 엉뚱하더라도 무조건 칭찬하고 수용해주는 게 좋습니다. 그러면 아이는 신이 나서 또 다른 아이디어를 계속 떠올립니다. 거기서 창의력이 나옵니다. 그게 습관이 되면 창의력이 높은 아이가 되는 거지요."

유대인들의 우수한 창의성은 어릴 때부터 부모와 질문하고 대답하는 브레인스토밍 대화가 가정문화로 자리 잡은 결과이다. 〈ET〉, 〈쥬라기 공원〉 등의 영화를 만든 유대계 미국인 스티븐 스필버그는 말했다.

"나의 성공은 순전히 부모님 덕분입니다. 저녁 식탁에서 내가 지어낸 엉뚱한 이야기를 부모님은 항상 재미있다고 말해주었습니다. 그러면 나는 다음날 또 새로운 이야기를 지어냈습니다."

세계 최고의 콘텐츠 제작자 스티븐 스필버그의 창의력은 갑자기 생겨난 것이 아니라 부모님과의 브레인스토밍 대화를 통해서 다져진 것이다. 아이들에게 질문한 다음, 대답을 기다렸다가 좋은 생각이라고 칭찬해주기만 해도 아이의 창의력은 쑥쑥 자라난다. 모든 것에는 이름이 있고, 그 이름에는 이유가 있다. 질문과 함께 브레인스토밍을 반드시 기억하자.

나는 아이들의 창의성을 키우기 위해 의도적으로 질문을 많이 한다. 평소 대화하다가도 "그 문제를 해결하기 위하여 새로운 물건을 만들면 어떨까?", "찬유가 발명가라면 이럴 때는 어떤 발명품을 만들 거니?", "이 물건은 왜 생겨났을까?" 등을 묻는다. 아이가 엉뚱한 대답을 해도 나는 한결같이 좋은 생각이라고 칭찬해준다. 부모가 생각하는 뻔한 대답이 창의적인지, 엉뚱한 대답이 창의적인지 생각해보면 칭찬의 이유를 알 수 있을 것이다.

창의력을 키우는 브레인스토밍 대화법

- **일상생활에서 발생하는 여러 문제를 해결할 발명 아이디어를 아이에게 질문한다.** 즉 '그 문제를 해결하기 위하여 발명품을 만든다면 어떤 것을 만들고 싶은지'에 관해 묻는다.

  예) 음식쓰레기 냄새를 줄이는 발명품으로는 무엇이 있을까?
  찬유가 책을 너무 가까이서 보는데 이걸 해결할 발명품이 없을까?

- **우리가 자주 쓰는 물건이 생겨난 이유와 변화에 대해 질문한다.** 즉, '무슨 이유로 발명했는지', '발명하기 전과 발명 후의 변화는 무엇인지'에 관해 묻는다.

  예) 유리컵에 손잡이는 무슨 이유로 발명했을까?
  종이컵이 만들어진 이후의 변화는 무엇일까?

- **아이와 함께 책과 신문을 읽고, 내용과 연결되는 질문을 한다.**

  예) 미래의 스마트폰은 어떤 기능을 가질까?
  신데렐라는 구두를 잃어버렸는데, 빨리 찾는 방법을 발명한다면?
  졸음운전으로 사람이 크게 다쳤는데 이걸 막는 발명품은 없을까?

- **아이가 대답하면 칭찬해주고 긍정적인 반응을 보여준다.**

실제 사례로 배우기

새로운 드론을 발명한다면

오늘 주말토론 주제는 찬유의 표정을 보고 일찌감치 정했다. 신문을 뒤적이더니 무인 드론택시에 관한 기사를 보고 얼굴이 환해진 것이다. 사막의 오아시스라고 불리는 두바이에서 드론택시 시범운행을 한다는 내용이었다. 기사는 하나의 큰 산업 분야로 진화한 드론에 관해 다양한 정보를 제공하는 것은 물론 문제점 또한 꼼꼼히 짚어주고 있었다.

이렇듯 주말 신문에는 사람과 세상에 대해 심층적으로 알려주는 기사가 많다. 인문학의 본질은 사람과 세상에 대해 알려주는 것이니, 이만하면 인문학 교재로 손색이 없다.

아이들과 기사를 나눠 읽고 토론을 시작했다. 오늘은 찬성과 반대를 나눠서 하는 찬반토론보다는 서로의 생각을 인정하고 공유하는 협력토론에 가까웠다. 토론은 드론택시의 단점을 생각해보고, 그 단점을 보완하는 아이디어를 제시하는 브레인스토밍으로 진행되었다. 마지막에는 발명가의 입장에서 미래의 드론을 각자 말하면서 마무리 지었다.

●●● 기존에 존재하는 문제점 찾기

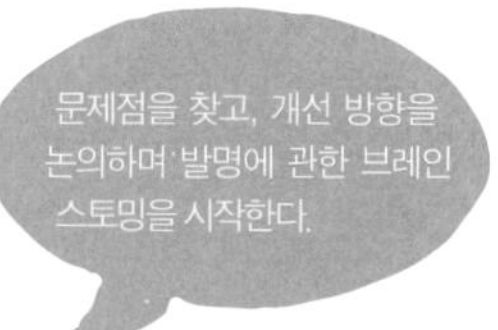

 **아빠** 드론택시의 단점은 뭘까?

창의는 새로움이다. 발명은 기존의 불편한 점을 새롭게 바꾸는 것이다. 따라서 창의와 발명은 같은 말이다. 어떤 물건을 대상으로 창의적인 아이디어를 떠올리려면 먼저 현재의 문제점부터 파악해야 한다.

발명 아이디어 대회 표준양식을 보면 현재의 문제점부터 쓰도록 되어있다. 정부와 기업의 아이디어 제안 양식도 마찬가지다. 아이에게서 어떤 물건이나 현상에 관한 창의적인 생각을 끄집어내려면 현재의 문제점부터 질문하고, 그다음 해결 아이디어를 물어야 구체적인 아이디어가 나온다. 특히 신문이나 책에 나오는 문제를 가지고 대화할 때는 현 상황에 대한 분석이 꼭 필요하다.

아빠 무인 드론택시의 단점은 무엇일까?

지유 드론이 많아지면 하늘에서도 길이 막혀. 그리고 하늘에서 사고가 나면 정말 위험해. 조그만 사고도 하늘에서 나면 대형사고야. 자동차는 사고가 나도 언젠가는 부딪혀서 멈추는데 드론택시는 땅으로 추락해버리니까.

엄마 드론은 해킹될 수 있어. 예를 들면 서울 강남으로 가던 길에 해킹

당해서 북한으로 가게 될 수도 있어.

찬유 걸어가던 사람이 떨어지는 드론택시에 부딪혀서 사고가 날 수도 있어.

엄마 추락사고 때문에 2, 3차 사고가 날 가능성이 커.

지유 사람들이 드론택시를 못 믿어. 로봇이니까 갑자기 다른 행동을 할 수도 있어.

찬유 로봇 조립 시간에 배웠는데 로봇에도 규칙이 있어. '로봇은 사람을 해치지 않는다.'

아빠 로봇이 나쁜 생각을 가지지 않더라도 고장이 나니까 문제가 되는 것 같아. 자율운행 자동차도 센서 고장으로 여러 번 사고가 났었잖아. 그런데, 사람이 운전을 하면 과연 더 안전할까?

찬유 그건 아니야. 어른들이 음주운전을 하잖아.

엄마 졸음운전을 하거나 운전 미숙으로도 매일 사고가 나잖아. 로봇이 운전하는 게 더 안전할 수도 있지. 여자들은 사람이 운전하는 택시보다 무인택시를 더 좋아할 수도 있어.

지유 나도 그래.

••• 문제점을 해결할 방법 생각하기

아빠 지금까지 나온 드론택시의 단점을 어떻게 바꾸면 좋을까?

지유 사고 나서 추락하면 낙하산이 펴지게 한다.

아빠 (하이파이브) 좋은 생각이다, 지유야!

찬유 더 좋은 방법이 있어. 고장 난 부분을 꺼버리고 비상으로 가는 거야. 영화에서 보면 우주선 엔진이 고장 나면 꺼버리고 비상 엔진을 켜서 가잖아. 드론택시를 타고 가다가 고장 났다고 해서 낙하산을 펴서 땅으로 내려오려고 하면 회사에 늦고 말 거야.

아빠 (하이파이브) 하하, 비상기능을 쓰자는 거구나. 좋은 생각이다. 드론이 고장 나면 드론회사에서 원격조정으로 운전하는 것도 방법일 수 있겠다.

찬유 좋은 생각이 있어, 아빠! 드론이 해킹을 당해서 고장 나면 낙하산을 펴서 천천히 내려오는 시간에 드론회사에서 해킹을 빨리 푸는 거야. 그다음에 다시 날아가면 돼. 만약 어쩔 수 없이 드론 낙하산을 펼쳐야 한다면 난 이렇게 만들 거야. 여기 그려볼게.

아빠 드론은 이제까지 어떻게 변화해왔을까?

지유 처음에는 놀이로 시작됐어. 지금은 사진 촬영도 해.

아빠 군대에서 무인 정찰기로도 쓰고 있지.

엄마 미국에서는 무인 택배에도 쓰잖아. 한국에서도 곧 하겠지.

찬유 무인 드론택시까지 나왔어. 와! 진짜 많이 진화했다.

●●● 내가 발명을 한다면?

아빠 우리가 새로운 드론 발명을 한다면?

찬유 드론버스를 만들래! 아이들이 이거 타고 학원 가는 거야. 완전 신나겠지.

아빠 드론 자가용!

지유 택시랑 똑같지 않아?

아빠 이건 택시하고는 좀 달라. 개인이 타고 다니는 거니까.

찬유 드론 119!

지유 드론 112!

찬유 신고하면 진짜 빨리 오겠다.

엄마 드론이 많아지면 드론 정거장도 있어야 해.

찬유 맞아! 영화 〈인사이드 아웃〉에 나오듯이, 하늘에 다리 같은 걸 만들어서 연결하는 거야.

지유 드론 배터리 충전소도 하늘에 필요해.

찬유 아빠! 드론 영화장도 생길 수 있어. 하늘에 홀로그램을 만들어서 영화를 보는 거야.

지유　드론 책도 발명될 거야. 책 안에 드론이 들어 있어서 책이 떠 있는 거야. 그럼 누워서 편하게 책을 읽을 수 있어. 책 넘길 때는 '넘겨'라고 하면 다음 장으로 넘어가게 만들 거야.

아빠　야! 그거 좋은 아이디어다, 지유야. 지유가 크면 꼭 발명해.

찬유　난 드론 휴대폰을 발명할 거야. 휴대폰이 공중에 떠 있어서 사진과 영상을 찍어주는 거야.

아빠　(하이파이브) 찬유가 발명하면 아빠한테 제일 먼저 팔아.

실제 사례로 배우기

세상에 없던 음식을 만들어보자!

아내가 일이 있어서 아이들과 간단하게 아침식사를 했다. 질문으로 대화를 열고 아이들의 생각을 깨웠다. 음식을 먹고 있다면, 그 음식에 관하여 아이디어를 나누는 것만으로도 대화가 풍성해진다.

아빠 (시리얼을 먹으며) 시리얼은 왜 만들었을까?

지유 시리얼이 어떤 계기로 만들어졌는지 알아? 켈로그가 잡곡 수프를 먹다가 난로에 둔 걸 깜빡한 거야. 나중에 보니까 수분이 사라지고 딱딱하게 굳어 있었는데, 그걸 보고 만들었대. 책에서 읽었어.

아빠 그것도 발명인 건가?

지유 발명이지. 새롭게 만들었으니까.

••• 발명은 무엇을 이롭게 하였을까?

아빠 음식을 말리면 뭐가 좋지?

찬유 영양이 풍부해져.

지유 부피가 줄어들어서 들고 다니기 편해. 가방에 많이 넣어 다닐 수 있어.

지유 말리면 안 썩으니까 오래 보관할 수 있어.

아빠 왜 말리면 썩지 않지?

지유 마르면서 수분이 빠져서 그래.

찬유 으음……. 먹기 편하잖아. 들고 다니면서 먹기도 하고.

아빠 잘 아는구나. 그래서 옛날에는 전쟁할 때 육포나 건빵을 들고 다니면서 많이 먹었어. 밥을 지으면 연기도 나고 냄새도 나니까 적들이 알아채잖아. 그리고 쌀을 들고 다니려면 얼마나 무거웠겠어. 그래서 아빠가 군대생활할 때도 훈련 나가면 말려서 건조한 전투식량을 많이 먹었어. 물만 부으면 되니까 정말 간편하지. 맛도 그럭저럭 괜찮았어.

찬유 나도 전투식량 먹어보고 싶다.

아빠 인터넷에 파니까 나중에 한번 사 먹어 보자. 자, 그럼 말린 음식에는 또 뭐가 있을까?

찬유 내가 좋아하는 육포! 건빵…….

지유 건포도, 고구마!

••• 내가 새로운 음식을 발명한다면?

아빠 지유와 찬유가 음식을 발명한다면 뭘 만들 거니?

찬유 콜라크림.

아빠 콜라크림? 그걸 어떻게 먹어?

찬유 컵케이크 같은데 발라먹는 거야. 먹으면 시원한 맛이 날 거야.

아빠 맛이 아주 재미있겠다.

지유 사과 오렌지. 사과 맛도 나고 오렌지 맛도 나는 과일이야.

아빠 과일을 섞으면 뭐가 좋아져?

찬유 영양이 합쳐져서 좋아. 맛도 좋고.

아빠 우리가 자주 먹는 것 중에 새롭게 발명한 건 무엇이 있을까?

지유 오이고추!

아빠 맞아. 그런데 오이고추는 오이하고 고추하고 합친 건 아니야. 고추와 뭘 합쳤을까?

찬유 힌트 줘. 아빠!

지유 초성힌트 줘.

아빠 ㅍ하고 ㅁ이야.

지유 피망!

아빠 (하이파이브) 피망하고 고추랑 합친 거야. (딸기 요플레를 먹으며) 이건 무엇과 무엇을 합친 거지?

찬유 딸기와 요플레. 이것도 발명이네.

아빠 찬유가 새로운 요플레를 만든다면 어떤 요플레를 만들 거니?

찬유 수박 요플레!

아빠 그거 좋다. 그건 언제 먹으면 좋을까?

찬유 여름에 시원하게.

지유 토마토 요플레.

아빠 (하이파이브) 그것도 좋네. 어른들이 좋아하겠다.

지유 또 아보카도 요플레.

아빠 왜 아보카도를 생각했어?

지유 아보카도는 그냥 먹으면 맛이 없잖아. 그런데 영양은 많아. 요플레에 섞어 먹으면 맛이 괜찮을 것 같아.

아빠 좋다. 아보카도 요플레 나오면 아빠도 사 먹고 싶다. 가격은 좀 비싸겠네.

지유 바나나 요플레도 좋아.

아빠 그래. 요즘 바나나가 유행이더라. 바나나로 만든 과자도 많이 나오던데.

지유 나도 바나나 초코파이 좋아해.

아빠 딸기 초코파이도 맛있더라. 딸기잼과 초코파이를 합치니까 새로운 딸기 초코파이가 됐어. 이처럼 기존에 있던 것 두 개를 합쳐서 새로 만들면 그게 발명이 돼. 그럼 새로운 초코파이를 발명해보자. 찬유는 어떤 초코파이를 발명할 거야?

찬유 여름에 팍! 시원한 초코파이.

지유 포도 초코파이! 오렌지 초코파이!

아빠 오렌지 초코파이 맛있겠다.

찬유 아이스 초코파이. 초코파이 안에 아이스크림을 넣어 파는 거야. 폴라포처럼 얼음 알갱이도 넣고.

아빠 요즘 같은 여름에 많이 팔리겠네.

찬유 그런데 우리 뭐하다 이런 이야기를 하게 됐지?

아빠 음식 발명 이야기하다가 여기까지 왔지. 세계적인 요리사는 자기만의 레시피와 메뉴가 있는 사람들이야. 남들과 똑같은 음식으로는 안 되지. 다른 일도 마찬가지야. 남들과 다른 생각을 하는 게 중요해. 요플레를 먹다가 새로운 요플레를 생각해보는 것처럼. 그게 창의력이야.

인공지능 시대에도

삶의 문제는 사람의 영역이다

문제해결력을 키우는 질문 대화법

아이에게 사람과 삶에 대한 지혜를 물려줘라

삶은 문제의 연속이다. 하나의 문제를 풀면 또 다른 문제가 나타난다. 문제를 못 풀면 문제가 된다. 개인의 삶을 뛰어넘어 사회도 마찬가지다. 끊임없이 새로운 문제들이 생긴다. 쉬운 문제는 없다. 리더들은 문제를 잘 푸는 사람들이다. 문제를 잘 풀려면 문제가 뭔지 고민해야 한다.

지유는 수학문제를 풀다가 가끔 묻곤 한다.

"아빠! 이건 무슨 문제인지 잘 모르겠어."

"다시 찬찬히 읽어볼래? 문제 속에 답이 있는 경우가 많거든. 문제를 다시 읽어보고 무엇을 푸는 문제인지 아빠한테 설명해줄래?"

지금껏 이렇게 푼 문제가 수두룩하다. 문제는 나에게 던지는 질문이다. 질문이 정확하지 않으면 답이 제대로 나오지 않는다. 그래서 문제에 부딪히면 '이 문제가 무엇을 묻는 것일까?'를 스스로 질문하며 문제를 정확히 파악해야 한다. 그러면 대부분의 문제는 쉽게 풀린다.

사람의 문제는 사람이 원인이어서 사람의 본성을 이해하면 해결이 쉽다. 우리는 사람 사는 세상의 문제를 잘 풀거나, 잘 풀도록 도와주는 사람을 섬긴다. 예수, 부처, 공자, 소크라테스에게 삶의 문제를 질문하고, 그들에게서 해결의 힌트를 얻는다. 그들은 모두 성인의 반열에 올랐다. 재미있는 것은 성인들도 자기 자신의 문제는 어려워했다는 점이다.

••• 아이에게 부모의 인생 내공을 전달하는 법

4차 산업혁명 시대가 오고 AI가 등장하면서 인간만이 가질 수 있는 고유한 능력 중에 문제해결력(PBL, Project Based Learning)이 주목받고 있다. 사람의 문제는 AI가 명쾌하게 풀기 어렵다. 문제의 본질에는 사람이 있고, 여러 사람의 이해관계가 얽혀 있기 때문이다. 이건 AI의 영역을 넘어선다. AI 시대에도 사람의 문제는 결국 사람이 스스로 풀어야 한다. 그건 어느 누구도 대신해 줄 수 없다.

나는 살면서 다양한 문제를 풀었고 지금도 풀고 있다. 친구 문제, 진학 문제, 군대 문제, 진로 문제, 취업 문제, 직장 문제, 결혼 문제, 가족 문제 등이다. 쉬운 문제는 없었다. 하나의 문제를 풀고 나면 또 다른 문제가 생겨났다. 문제를 잘 풀면 행복했고, 문제를 못 풀고 헤매면 괴로웠다. 마흔이 되면 어떠한 일에도 흔들리지 않는 불혹이 된다고 들었지만 그건 거짓말임을 깨닫고 있다. 마흔을 넘긴 사람은 다 공감할 것이다. 난 여전히 어려운 문제를 만나고 있고 그때마다 수없이 흔들린다. 그러나 문제를 푸는 스킬과 노하우가 많이 생겨 이제 어지간한 문제에는 당황하지 않는다. 인생의 내공이 생긴 것이다.

우리는 살아 있기 때문에 삶의 문제를 계속 만난다. 우리 아이들도 마찬가지다. 끊임없이 문제를 만나고 있고, 앞으로도 그럴 것이다. 아이들이 겪고 있거나 앞으로 겪을 대부분의 문제는 나와 아내가 이미 경험한 문제들이다. 그래서 나와 아내는 아이들과 저녁밥상에서, 주말토론에서 자주 세상과 사람의 문제를 함께 고민하고 풀어본다. 내가 40년을 넘게 살면서 획득한 문제해결 스킬과 방법을 전수하는 것이다. 이를 통해 아이들은 시행착오를 줄이고, 좀 더 슬기롭게 자신의 문제를 해결하며 살아갈 수 있지 않을까?

••• 신문을 활용하여 다양한 문제와 해법에 접근하기

문제해결력은 삶의 지혜에서 나온다. 우리는 삶의 문제를 잘 푸는 사람을 지혜롭다고 말한다. 그렇다. 나는 살면서 경험하고 얻은 삶의 지혜를 아이들과 나누고 있다. 우리 아이들이 나보다는 더 지혜로운 사람이 되기를 바라면서 말이다. 삶의 문제를 푸는 학문을 인문학이라고 한다. 그런 관점에서 보면 우리 집은 매주 한 번 이상 아이들과 밥상머리 인문학의 향연을 펼치고 있는 셈이다.

삶의 문제는 수학문제와는 달리 답이 정해져 있지 않다. 그러나 문제를 많이 풀어본 사람이 문제를 쉽고 빠르게 푸는 것은 똑같다. 우리 집은 저녁 밥상과 주말토론에서 여러 문제에 관한 이야기를 주고받는다. 대부분 아이의 문제, 가족의 문제, 학교의 문제, 사회의 문제, 국가의 문제, 세계의 문제이다. 우리 집의 밥상에서 다루지 않는 문제는 없다. 최근 한 달 사이에 함께 풀어본 문제만 해도 소확행, 제주 난민 문제, 시간의 흐름, 방탄소년단, 북미정상회담 등 실로 다양하다. 내가 똑똑해서가 아니다. 신문이라는 문제집에 다양한 문제가 나오기 때문에 가능한 일이다.

신문은 세상과 사람에 관한 문제를 모은 문제집과 같다. 나는 아이들과 신문기사를 함께 읽고 질문을 던진다. 아이가 스스로 문제에 대한 답을 찾도록 말이다. 특히 주말토론은 다양한 사회문제의 원인을 파악하고 해결방법을 함께 찾는 시간이다. 대부분의 신문기사는 친절하게 문제의 원인을 알려주고 간혹 해결방법도 제시한다. 나와 아이들은 거기서 문제해결의 실마리를 찾을 때가 많다.

강연 도중에 어느 여성분이 조심스럽게 물었다.

"신문에는 부정적인 이야기가 많아서 안 좋다고 TV에서 그러던데요."

나는 이렇게 대답했다.

"네, 그럴 수도 있습니다. 신문은 아이들이 푸는 어려운 수학문제집과 비슷합니다. 온통 풀어야 할 여러 문제가 가득하지요. 하지만 그게 현실이고, 아이들이 살아가야 할 삶의 현장입니다. 현실의 문제를 회피하는 것보다 적극적으로 다가서서 풀어보는 게 아이의 삶에 도움이 되지 않을까요? 사람마다 생각이 다르겠지만 저는 아이들과 적극적으로 문제를 푸는 쪽을 선택한 겁니다. 아이들은 결국 성장해서 혼자 살아갑니다. 그때는 삶의 문제를 스스로 풀어야지요. 문제를 잘 풀면 행복한 인생을 삽니다. 그런 측면에서 보면 신문은 아이들의 문제해결력을 키우는 좋은 문제지입니다. 물론 어른한테도 마찬가지라고 생각합니다."

●●● 일상 대화 속 문제해결력을 키우는 질문법

꼭 신문이 아니어도 좋다. 일상대화에서도 질문을 통해 아이의 문제해결력을 키울 수 있다. 어느 날 찬유가 어두운 표정으로 내게 말했다.

찬유 아빠! 학교를 마치고 축구하고 싶은데 친구가 없어.

아빠 왜 그럴까?

찬유 친구들은 학교 끝나면 다 학원으로 가.

아빠 학원에는 왜 갈까?

찬유 공부하러 가는 거지. 그런데 가기 싫어하는 친구들이 많아.

아빠 학원에 가기 싫은데, 학원에 가면 공부가 잘될까?

찬유 아니. 안 될 것 같아.

아빠 친구들은 학원에 가기 싫은데 왜 갈까?

찬유 친구 엄마가 보내서.

아빠 엄마들은 왜 친구들을 학원에 보낼까?

찬유 공부하라고 그러는 거지.

아빠 그래서 친구들이 공부를 잘하니?

찬유 잘하는 친구도 있고 못 하는 친구도 있어.

아빠 찬유 생각에는 학원에 다니면 공부를 더 잘하는 것 같니?

찬유 아니.

아빠 아이를 학원에 보내는 엄마의 마음은 어떨까?

찬유 으음……. 공부 잘하기를 바라는 마음?

아빠 그래. 공부 잘하기를 기대하는 마음과 불안한 마음이 함께 있는 거야. 다른 엄마들이 학원에 보내는데 자기 아이만 학원에 안 가면 뭔가 뒤처지는 느낌이 들잖아. 그런데 꼭 학원에 가야 공부를 잘하는 건 아니야. 오히려 공부 잘하는 아이들은 혼자서 공부하는 경우가 많아.

찬유 나는 혼자서 공부하는 게 더 좋아. 학원은 싫어.

아빠 (하이파이브) **좋아. 찬유가 학원을 끊으면서 혼자 공부하는 습관이 들어서 아빠가 기분이 좋아.** 그런데 찬유가 축구할 친구가 없어서 어떡하니? 학교 끝난 이후에 말고 다른 시간에 축구할 시간은 없니?

찬유 ……. 있다! 점심시간.

아빠 또 없니?

찬유 주말에 하면 돼.

아빠 찬유는 둘 중에 언제 하는 게 더 좋니?

찬유 둘 다! 그런데 학교에는 축구공이 없어.

아빠 축구공이 없어서 못 하는 거라면 다른 방법은 없을까?

찬유 맞다! 우리 집에 있는 축구공 가져가면 되겠다. 그렇게 해도 돼?

아빠 당연하지.

찬유 그러면 내일 축구공 들고 가서 점심 때 한결이랑 현호랑 도영이랑 축구할 거야. 주말에도 친구들 만나서 할 거야.

아빠 점심 때 축구하고, 주말에 축구하면 좋은 점이 뭐니?

찬유 매일 할 수 있어. 그리고 친구들이 학원에 가도 축구는 할 수 있어.

요즘 찬유는 축구화를 신고 축구공을 들고 학교에 간다. 아침에 찬유의 표정을 보면 학교에 가는 얼굴이 아니다. 축구를 하러 가는 표정이다. 아주 해맑다. 위의 대화를 보면 알 수 있듯 찬유는 자신의 문제를 말했고, 나는 오직 질문만 했다. 결국 찬유는 스스로 해결방법을 찾았다. 이처럼 일상생활에서 일어나는 아이의 여러 문제는 질문-답-질문-답을 되풀이하는 과정에서 아이 스스로 찾을 수 있다.

좋은 질문이 좋은 답을 가져오고, 좋은 문제는 아이의 문제해결력을 키운다. 그런데 좋은 문제를 지속적으로 뽑아내서 아이와 대화하는 건 어려운 일이다. 아이가 무심코 말하는 이야기 속에도 많은 문제가 숨어 있다. 신문과 책도 훌륭한 문제집이 되어준다. 세상과 사람의 문제를 자주 풀어본 아이는 시련에 강해진다. 문제를 회피하지 않고 깊게 고민하면서 여러 방법을 찾는 경험은 긍정적 사고의 원천이 된다. 그런 아이가 행복한 삶을 산다.

이렇게 하세요! ✓

문제 해결력을 키워주는 질문법

- **일상대화·신문·책 속에서 문제를 발견하고, 문제의 원인을 질문한다.** 즉, "그 문제가 왜 생겼니?"에 대해 묻는다.
- **문제를 해결할 방법을 질문한다.** 즉, "그 문제를 해결할 방법으로는 무엇이 있을까?"에 대해 묻는다.
- **문제 해결방법을 분석한다.** 즉, "그 방법의 장점과 단점은 무엇일까?"에 대해 묻는다.
- **문제해결방법을 선택하는 질문을 한다.** 즉, "여러 방법 중에 가장 좋은 방법은 무엇일까?"에 대해 묻는다.

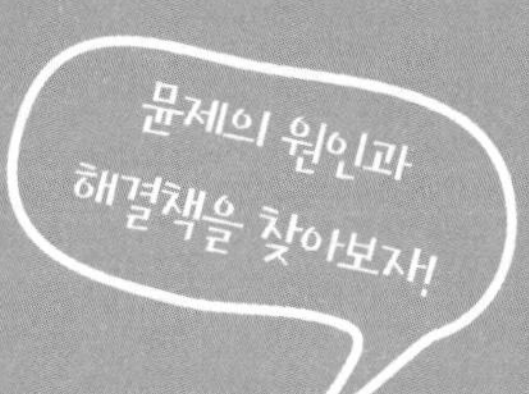

실제 사례로 배우기

심각한 대한민국 청년 문제, 해결책은 무엇일까?

신문에 '청년 고통시대'라는 특집기사가 실렸다. 시간이 지나면 우리 아이들도 고스란히 겪을 고통이 아니겠는가 싶어 주말토론 주제로 선택하였다. 먼저 아이들과 가위바위보를 해서 읽는 순서를 정하고 문단별로 나눠서 읽었다.

아빠 (다 읽고 나서) 청년문제로는 어떤 것들이 소개됐니?

찬유 취업이 어려워.

지유 친구가 없어.

아빠 친구가 없으면 어떨까?

지유 외톨이가 돼서 외로워. 그러면 우울증이 생겨.

아빠 우울증은 왜 생길까?

지유 취업도 안 되고 친구도 없으니까.

아빠 청년문제와 다 연결되어 있네.

엄마 경제적 어려움도 있어.

아빠 경제적 어려움은 왜 생길까?

엄마 대학교 학자금 대출 때문에 빚이 생겨. 취업이 안 되니까 빚을 못 갚아서 자살로 이어지는 경우도 있었어.

아빠 또 어떤 문제가 있었어?

찬유 가족끼리 사이가 안 좋아.

아빠 가족 문제는 왜 생겨?

찬유 다 돈 때문이야~.

아빠 만약에 엄마와 아빠가 자동차를 타고 가다가 크게 다쳤다고 생각해보자. 그래서 빚이 많이 생겼는데 지유가 어른이라면 대신 갚아 줄 거니?

지유 응.

엄마 빚이 많으면 어떨까?

지유 갚기가 어려워.

아빠 그러면 가족끼리 다툴 가능성이 있어.

찬유 말처럼 청년들이 고통 받고 있는 문제들을 따져보면 대부분 돈과 연결되어 있어. 지금까지 나온 문제가 참 많은데, 이제 해결방법을 하나씩 찾아보자. 취업이 어려운 건 어떻게 해결할 수 있을까?

> 발생한 문제의 원인을 찾았다면 그다음에는 원인을 해소할 방법을 찾을 차례이다.

찬유 아르바이트를 구해. 좋은 일자리만 구하면 취직이 어려워.

엄마 좋은 생각이다. 우선 쉽게 구할 수 있는 아르바이트를 하면서 생활비를 벌어야 다른 곳에 취업 할 수 있는 힘이 생기니까.

그러나 아이들은 이 이상은 해결책을 떠올리지 못했다. 생각의 방향을 잡아주는 질문으로 대화를 이어나갔다.

아빠 이건 여러 가지가 있을 수 있어. 국가가 할 수 있는 부분이 있고, 개인이 할 수 있는 일이 있어. 우선 개인적인 노력부터 생각해볼까?

지유 실용적인 꿈을 가져야 해. 그리고 꿈을 크게 가져야 해. 다른 사람들이 잘 생각하지 않는 꿈이면 더 좋아.

찬유 희망을 가져야 해.

아빠 (지유, 찬유와 하이파이브) 지유와 찬유가 중요한 말을 했네. 꿈과 희망이 있는 사람은 그걸 이루려고 노력하니까 취업 성공의 가능성도 클 거야. 예를 들어, 지금은 아르바이트로 생계를 꾸리느라 힘들더라도 꿈과 희망이 있으면 그걸 버티고 견디는 힘이 생기잖아.

아빠 꿈을 가지기 위해서는 어떤 노력을 하면 좋을까?

지유 꿈을 계속 생각해야 해. 그 꿈이 자신한테 맞는지 알아보고 그게 진짜 하고 싶은 일인지도 계속 생각해야 해.

엄마 다양한 경험이 필요해. 아르바이트라던지 여러 경험을 쌓으면 자기의 꿈을 발견할 수도 있어. 우리가 전에 신문에서 봤던 김안나(국내 최초 특급호텔 주방장)도 유학 가서 요리 알바를 하다가 자신의 꿈을 발견했잖아.

아빠 자기 취미와 적성도 중요해. 그걸 알면 꿈으로 연결시킬 수도 있잖

아. 이때는 누구의 역할이 중요해?

찬유 친구들이 도와주고 응원해주면 좋아.

지유 선생님! 평창올림픽에서 금메달 딴 윤성빈처럼 선생님이 중요해.

아빠 (지유, 찬유와 하이파이브) 부모의 역할도 중요해. 아이가 무엇을 잘 하는지 관찰하고 조언해주면 꿈을 빨리 찾을 수도 있어.

찬유 그리고 꿈을 이루기 위해서 계획을 세워야 해.

아빠 구체적으로는 무엇이 있을까? (아이들이 대답하지 못함) 고등학교나 대학교 전공을 그쪽으로 선택하면 되겠지. 자기 꿈과 관련된 아르바이트나 인턴을 해볼 수도 있고.

엄마 국가에서는 무엇을 도와줄 수 있을까?

지유 꿈을 이루기 위해 돈을 지원해줘.

엄마 자기계발비 같은 거구나. 서울과 경기도에서는 실제로 지원하고 있어. 그런 걸 더 확대하면 좋겠다.

아빠 국내에 일자리가 없으면 어디로 가면 되겠니?

찬유 일본, 중국, 미국으로 갈 수도 있어.

아빠 그래. 해외 일자리를 정부에서 체계적으로 연결시켜주면 좋겠다. 그리고 아빠 생각에는 청년들의 취업문제를 근본적으로 해결하려면 정부에서 미래형 산업을 계속 만들어서 일자리를 만들어야 해.

찬유 로봇이 자기의 취미를 파악해서 꿈을 이루는 걸 지원해주면 좋겠어. 꿈 추천 로봇, 꿈추보!

아빠 (하이파이브) 완전 좋은 아이디어다, 찬유야! 나중에 찬유가 한 번 만들어봐. 꿈을 추천해주려면 그 사람에 대해 뭘 알아야 할까?

지유 희망, 취미, 성격.

엄마 전공, 학력, 성별.

찬유 고생한 거.

아빠 그래. 살아오면서 고생한 것, 즉 경험도 중요하지. 그런 걸 성장배경이라고 해. 어떤 사람은 아버지가 기계공장에서 엔지니어로 일하다가 크게 다쳤어. 그런데 꿈 추천 로봇이 엔지니어로 추천하면 안 되겠지. 그래서 성장배경이 무척 중요해.

••• 일상 대화 속 문제해결력을 키우는 질문법

아빠 자! 다음에는 청년들의 외톨이, 고독, 외로움, 우울증 등의 문제도 있는데 이런 것들은 어떻게 해결하면 좋을까?

지유 인터넷, 앱에서 친구들을 찾아.

아빠 그래, 외로운 사람들끼리 인터넷에서 만나면 좋겠다.

찬유 로봇이 친구가 되어줘. 같이 놀아주고.

지유 그건 별로인 것 같아.

엄마 괜찮은데. 외롭고 우울증 걸린 사람들은 옆에서 말을 걸어줄 사람이 필요하니까 AI가 그런 친구 역할을 해주면 좋잖아. 반려견 같은 거지.

아빠 (아이들은 다른 해결책을 생각해내지 못한 듯 더는 대답하지 못하였다.) 외로운 사람들은 밖에서 활동을 많이 하는 게 좋아. 취미를 찾아서 동호회도 가입하고, 운동도 하면 도움이 될 거야. 또 뭐가 있을까?

지유 상담…….

아빠 좋아. 외롭거나 우울한 사람은 적극적으로 상담을 받아야 해. 좀 심한 사람들은 병원에 가서 치료도 받고. 그게 늦어지면 자살로 연결되기도 하잖아. 우리나라 사람들은 정신병원에 가길 꺼리는데 그건 위험해. 자신의 문제를 끄집어내서 상담 받고 치료하면 나을 수 있거든.

엄마 청년들이 학자금 대출 때문에 빚을 많이 지는데 이건 어떻게 해결할 수 있을까?

아빠 자기가 꼭 공부하고 싶은 게 있으면 독일이나 프랑스처럼 대학교 학비를 무료로 해주는 곳으로 유학을 가도 좋을 것 같아.

지유 그거 좋은 생각이다, 아빠.

아빠 또 뭐가 있을까? (아이들이 대답하지 못함) 우리나라는 고등학교를 졸업하면 너도나도 대학교에 가거든. 80% 이상이 대학에 진학하는데 막상 대학교를 졸업하면 취업이 안 되잖아. 그러면 학자금 대출받은 돈을 못 갚으니까 빚이 되는 거고. 그게 악순환이야. 그럴 필요가 있을까?

지유 아니, 꼭 공부하고 싶은 사람만 대학에 가면 되는데.

찬유 고등학교 졸업하고 먼저 일하다가 나중에 대학교에 가도 돼.

아빠 오! 놀라운데. (하이파이브) 그래, 바로 그거야. 그런 걸 선취학 후진학이라고 하는 거야. 선이 무슨 선 자일까?

찬유 먼저 선(先)!

아빠 후는?

지유 뒤 후(後)!

아빠 그럼 선취학 후진학은 무슨 뜻일까?

찬유 먼저 취업한 뒤에 대학교에 가는 거야.

••• 한 줄 평으로 토론 정리하기

아빠 마지막으로 오늘 한 줄 평해보자. (5분 뒤) 아빠는 '청년문제가 국가문제! 머리 맞대고 해결방안 내놔야!'라고 썼어. 지유는 뭐라고 썼니?

지유 청년 자살문제 대책마련 쉽다. (하이파이브)

찬유 청년 고통시대 새로운 세계 열자. (하이파이브)

청년 문제의 해결책을 생각하며 그린 우리 가족의 마인드맵

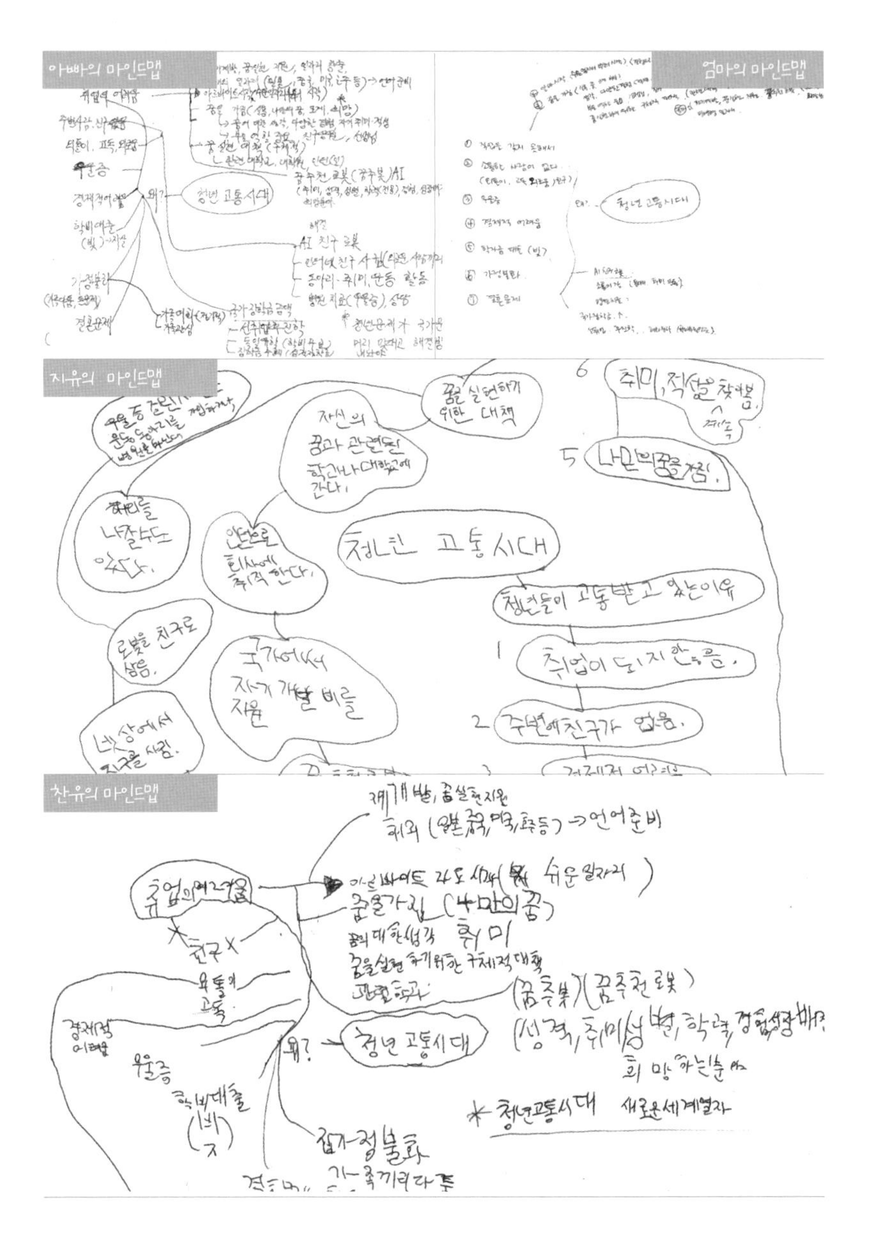

밥상머리교육을 위한 질문 십계명

하나, 아이가 질문하면 답을 주지 말고, 스스로 답을 찾도록 질문하라.

- 아이의 질문에 답을 알려주는 순간 호기심과 생각이 멈춘다.

둘, 가르치려 하지 말고 질문하라.

- 질문하면 아이의 생각이 시작되고 대화가 열린다.

셋, 당연한 질문을 하라.

- "사람은 왜 사는가?" 등 당연한 질문으로 생각을 확장하라.

넷, 단어의 속뜻과 어원을 질문하라. 사물을 보는 깊은 눈이 생긴다.

- 단어의 한자 뜻이 무엇인지 질문해 어휘력을 높여라.
- 단어의 어원을 질문해 상상력을 높여라.
- 부모가 모르는 단어는 아이와 스마트폰으로 검색해서 찾아서 익혀라.

다섯, "너라면 어떻게 했을까?"를 질문해서 공감력과 인성을 키워라.

여섯, 아이의 말에 질문의 꼬리를 물어서 지속적인 대화로 연결하라.

일곱, 하나의 의견에 찬성과 반대의견을 같이 질문해서 생각의 균형을 잡아라.

여덟, 삶의 목적을 자주 물어서 성찰하는 삶을 살도록 도와라.

아홉, "네가 좋아하는 게 뭐니?", "무엇을 할 때 재미있니?" 등의 질문을 통해 진로를 코칭하라

열, 문제해결방안을 질문해서 창의력과 문제해결력을 키워라.

아이는 질문으로 자란다

초판 1쇄 인쇄일 2018년 9월 3일 • 초판 1쇄 발행일 2018년 9월 10일
지은이 김정진
펴낸곳 (주)도서출판 예문 • 펴낸이 이주현
등록번호 제307-2009-48호 • 등록일 1995년 3월 22일 • 전화 02-765-2306
팩스 02-765-9306 • 홈페이지 www.yemun.co.kr

주소 서울시 강북구 솔샘로67길 62 코리아나빌딩 904호

ISBN 978-89-5659-349-4